La Vallée de Montjoie

Du même auteur

La guerre économique dans les colonies – 1916
L'Afrique du Nord et la guerre – 1918
L'effort colonial des Alliés – 1919
Les colonies allemandes et leur valeur – 1919
Vieux papiers du temps des Isles (1ère série) – 1925
Les Sidis – 1927
Les Frères de la Coste, flibustiers et corsaires – 1928
Le totémisme – 1929
Le Général Comte de Boigne – 1930
Vieux papiers du temps des Isles (2ème série) – 1930
La tradition coloniale française – 1931
L'Amiral d'Estaing – 1931
Histoire des colonies françaises – 1931
Les aventuriers français aux Indes – 1932
Napoléon colonial – 1932
La Vallée de Montjoie – 1932

Articles parus dans les journaux et revues suivants :

Le Journal des voyages
La Revue des Sciences Politiques
La Dépêche des Colonies
Le Bulletin du Comité de l'Afrique Française
Le Temps
Le Savoyard
Le Savoyard de Paris
L'Avenir Savoyard
La Montagne
La Revue Savoisienne

Maurice Besson

La Vallée de Montjoie

Le site et son histoire
Vieilles demeures et vieilles coutumes

Le Dôme du Gouter et le Bionnassay, vus des pentes du Mont Joly

Publibook

Retrouvez notre catalogue sur le site des Éditions Publibook :

http://www.publibook.com

Éditions Publibook
14, rue des Volontaires
75015 PARIS – France
Tél. : +33 (0)1 53 69 65 55

IDDN.FR.010.0107679.000.R.P.2007.035.40000

Cet ouvrage a fait l'objet d'une première publication
aux Éditions Publibook en 2007

Préface

Le hasard veut que deux livres de Maurice Besson, *« La Vallée de Montjoie »* et *« Les Frères de la Coste, Flibustiers et Corsaires »*[1], soient réédités presque simultanément. Ces deux titres sont révélateurs. Il y a en effet un Besson savoyard et un Besson d'Outre-mer.

Maurice Besson naît à Paris en 1885, dans une famille protestante, alsacienne par son père, ariégeoise par sa mère. Son grand-père s'est installé à Lyon à la suite de la guerre de 1870. Son père est employé d'une Compagnie d'Assurances.

Maurice, après de solides études, fera toute sa carrière au Ministère des Colonies. Il participe à l'Exposition coloniale de 1931, à l'organisation, en 1935, du Tricentenaire des Antilles et représente la France à la Société des Nations et au Bureau International du Travail.

Dès 1911, il se met à écrire des articles et des chroniques qu'il publie dans un grand nombre de journaux et de revues, dont *« La Revue économique et financière », « La Revue des Sciences Politiques », « L'Avenir savoyard », « Le Journal des voyages », « Le Temps », « La Montagne », « La Revue Savoisienne »...*

Ses premiers livres ont pour thèmes la guerre et les colonies. Mais bientôt, son esprit curieux le pousse à faire

---

[1] La Découvrance éditions – La Rochelle (Octobre 2006)

revivre figures pittoresques et héros de roman, qu'il tire des archives coloniales et savoyardes. Dans ses *« Frères de la Coste »*, il dresse des portraits hauts en couleurs, mais authentiques des plus célèbres figures de la flibuste, les écumeurs des Caraïbes.

En 1912, il s'est marié à Annecy ; le couple découvre la Haute-Savoie, la beauté et le charme de la région, s'enthousiasme pour le joli village de Saint-Nicolas-de-Véroce. La guerre terminée, il y passe ses vacances d'été avec sa femme et ses deux filles. Il organise des fêtes au village, s'intéresse à son développement, au point qu'à la fin des années trente, Michel Grandjacques, alors Maire de Saint-Nicolas, lui propose de faire partie de son équipe municipale.

La chose ne se fera pas, mais dans un article qu'il écrit pour *« Le Savoyard »* en 1938, sous le titre *« L'éveil d'une belle station d'été et d'hiver : Saint-Nicolas-de-Véroce »*, il décrit, avec une belle prémonition, tous les avantages que l'arrivée des sports d'hiver peut apporter au village et à ses habitants.

Tel fut Maurice Besson, rêvant depuis l'enfance d'aventures et d'aventuriers, de mer ou de terre, et comme il le dira : « entrouvrant la porte de l'Histoire coloniale en poussant le battant de la petite histoire ».

De même, lorsqu'il décrit *« La vallée de Chamonix au temps de Balmat »*, *« La contrebande en Savoie au temps de Mandrin »*, ou qu'il consacre une monographie à *« Béatrix de Faucigny »*, pousse-il le battant de la petite histoire savoyarde.

La redécouverte, de Maurice Besson, par le biais de la réédition de deux de ses œuvres, ne ferait-elle que commencer ?

Le site du Val Montjoie

La Vallée de Montjoie s'étend le long du Massif du Mont-Blanc, du Nord au Sud, du Fayet jusqu'au sommet du Col du Bonhomme. Un Torrent tumultueux la parcourt, le Bon Nant, courant des gorges sévères de la Balme jusqu'à la plaine de l'Arve, en face des riches vergers de la chaîne des Fiz. La Vallée de Montjoie est dominée sur sa gauche par les neiges du massif du Mont-Blanc et reçoit les eaux qui sourdent de ces splendides glaciers descendant des cimes du géant alpin, glaciers de Trélatête, de la Frasse, de l'Armancette, du Miage, de Bionnassay. Ceux-ci constituent comme autant de formidables gemmes étincelantes, enchâssées dans de granitiques rochers, arcqueboutants fantastiques du Mont-Blanc. Sur sa droite, la Vallée s'élève en des pentes douces dont les prairies, les cultures et les forêts vont comme à l'assaut pacifique du Mont-Joly. De cette pointe schisteuse se détachent deux larges bosses, qui en forment les premiers échelons ; vers le sud, la crête se poursuit en une crête herbeuse jusqu'à l'aiguille Croche.

Des cols pittoresques, d'où le regard embrasse des panoramas étendus, font communiquer la Vallée de Montjoie avec ses voisines. A son extrémité Sud, c'est le Col du Bonhomme qui s'élève jusqu'à 2.329 mètres entre les murailles des rochers de la Penaz et les contreforts supportant le Bon Homme et la Bonne Femme.

Cette passe permet de descendre sur l'Italie et la vallée d'Aoste par le col de la Seigne ou, par le beau passage de la Gitte, d'atteindre la Tarentaise. Au Sud-Ouest, débouchant aux Contamines, surgit le Col du Joly, qui est comme la voie normale des vallées de Hauteluce et de Beaufort vers le Haut-Faucigny. A l'Ouest, c'est la large encoche des chalets d'Hermance qui, attaquée déjà par une route pastorale, sera de plus en plus la liaison entre Mégève et les centres de la Vallée, Saint-Nicolas, Saint-Gervais, les Contamines. Au Nord-Est, tout en dominant le glacier de Bionnassay et plongeant sur le Val de Chamonix, les deux beaux cols de Vozas et de Bellevue s'étirent en longueur du Prarion aux rouges rochers de Tête Rousse. Puis, sur le massif même du Mont-Blanc, les cols aux neiges éternelles, le col Infranchissable au fond du glacier de Trélatête et celui du Miage, surplombant le glacier du même nom et s'attachant à l'aiguille de Bionnassay.

La Vallée de Montjoie constitue un ensemble alpestre aussi complet que possible. Le Bon Nant est le « roi » d'un véritable petit bassin, recevant à sa gauche, le nant Borrant, le nant de l'Arête, le nant Rouge, le nant Fandra, le nant des Hoches, et, à sa droite, les torrents de Trélatête, de l'Armancette, de la Gruvaz et de Bionnassay[2]. Ces eaux coulent rapides, roulant des galets de pierre et entraînant des blocs de rochers qui émergent des flots écumants ; maints petits biefs s'étagent, séparés des cascades parmi lesquelles celle de

---

[2] Nant en patois signifie torrent.

Nant Borrant et celle de la Balme offrent le splendide spectacle de chutes puissantes toutes enveloppées de vapeur irisée. Parfois, des petites plages alternent avec les éboulis et des vasques de granit invitent par les belles journées d'été au bain à l'ombre des bouleaux et à l'abri des osiers.

Par une gorge étroite le Bon Nant débouche au Fayet dans la plaine de l'Arve et dans le fond de la courbe se trouve l'établissement thermal du Fayet ; le confluent de l'Arve et du Bon Nant est souvent appelé la « porte principale » du massif du Mont-Blanc, menant à gauche, dans la vallée de Chamonix et, à droite, dans celle de Montjoie. Les deux vals élevés, celui de Montjoie et celui de Chamonix, que l'on atteint par des passages étroits comme celui de Servoz ou la combe du Berchat montant à Saint-Gervais, constituent la plus grande partie de la Savoie que les auteurs anciens appelaient le Haut-Faucigny puisque situés à une altitude moyenne de 1.000 mètres.

La Vallée de Montjoie comprend un chef-lieu de canton, Saint-Gervais, et deux communes alpestres dans le sens absolu du mot, Saint-Nicolas-de-Véroce, s'étendant sur un replat assez large au nord-Ouest du Mont Joly, situé à 1.180 mètres d'altitude, et les Contamines, placées aux débouchés de gorges sauvages.

Celles-ci, dépassé Notre-Dame-de-la-Gorge, mènent aux splendides chutes du Nant-Borrant, torrent de la moraine frontale du glacier de Trélatête, aux alpages et aux forêts du Col du Bonhomme. Les Contamines font face, également, mais vers le Sud-Ouest, aux larges croupes du Col du Joly qui, par le Baptieu, puis par des chalets épars conduisent dans la Vallée de Hauteluce, le pays de Beaufort et la Tarentaise.

La frontière franco-italienne constitue à l'Est la « fin de la Vallée de Montjoie ». La délimitation de cette frontière est celle que, de 1730 à 1796, toute une série d'abornements a fixé entre la communauté de Courmayeur en Val d'Aoste et celles de Saint-Gervais et de Saint-Nicolas-de-Véroce, cette dernière englobait alors le territoire de l'actuelle commune des Contamines. La frontière passe au signal supérieur de Tête Rousse, à l'Aiguille de Bionnassay, aux rochers du col du Miage, puis au col des Glaciers et à celui de la Seigne.

La Vallée de Montjoie n'est pas d'aspect sévère ; les glaciers qui la couronnent sont accrochés fort haut et semblent très lointains. D'ailleurs les alpages et les forêts leur font comme une aimable barrière ; la sylve qui couvre les flancs du Massif est apaisante ; le calme des grands bois repose et leur mousse est douce au pas ; de nombreux sentiers les traversent, aboutissant aux prairies d'en haut. « Ajoutez à tout cela les illusions de l'optique, les pointes des monts différemment éclairées, le clair obscur du soleil et des ombres et tous les accidents de lumière qui en résultent du matin et le soir. » Cette phrase de la *Nouvelle Héloïse* s'applique parfaitement au Val Montjoie.

Le fond de la Vallée est comme un damier de cultures et il n'est point de terrains situés à l'« adroit », c'est-à-dire en bonne exposition solaire, qui ne possèdent ses champs de pommes de terre, de blé, d'avoine, d'orge. Les toits rouges ou bruns des chalets pointent de ci de là, peu réunis en hameaux, mais répartis en petits groupements de trois ou de cinq. Autour de chaque demeure, ou à proximité, un petit potager, le « jardin » donne des légumes, haricots, choux, carottes, petits pois ; chaque maison a son verger avec ses noueux pommiers à cidre et ses quelques poiriers ; même près des chalets d'« en haut » les cerisiers aux branches tordues sont abondants et fournissent d'excellentes mérises brunes et sucrées. Dans les régions basses de beaux châtaigniers se rencontrent souvent près des fermes ; des tilleuls tricentenaires ornent la place de Saint-Gervais et, dans les près, des noyers majestueux montrent à Saint-Nicolas, à 1.180 mètres, leurs puissantes ramures. Les plaques rouges des fruits du sorbier se détachent des boqueteaux de noisetiers alors que, le long des ruisseaux et des nants, l'aune vert et les bouleaux s'alignent nombreux. L'aune est appelée véroce en patois et c'est à cette plante que la commune de Saint-Nicolas doit son nom « de Véroce ». Le plane est fort répandu et ne cède la place qu'aux sapins et aux mélèzes. Il n'est guère de demeure de la vallée qui n'ait son rucher dont les portes peintes de couleurs claires jettent une note gaie dans le paysage.

Ondoyante, la Vallée de Montjoie se développe, en somme, depuis le plateau de Saint-Gervais-village et englobe une sorte de demi-cercle ou de large cirque dont les gradins de verdure s'étagent depuis le Pont du Diable, enjambant de ses 57 mètres de haut le torrent du Bon Nant, jusqu'aux forêts de la Combe du Tarchey et aux crêtes de l'Arbois. Au-delà de Saint-Gervais s'aligne toute une suite de hameaux et de chalets de part et d'autre du torrent et que parcourt, à droite, la route conduisant au fond de la vallée à ce Montjoie qui lui a donné son nom. Plus bas apparaît, blottie, serrée de près par les eaux tumultueuses du Bon Nant et dominée par la montagne de la Penaz, la chapelle de Notre-Dame de la Gorge.

Ces hameaux et ces demeures éparses ont tous le même cachet : maisons mi-pierres mi-bois, volets verts, larges auvents des toitures, étagères rustiques où se superposent des géraniums aux teintes vives, cheminées en bois et couvertures généralement en ancelles, que tendent à remplacer la tuile et, hélas, la tôle ondulée ! Chaque maison a sa fontaine, le « bachal », creusée dans le tronc d'un mélèze ; quelques-uns sont en beau granit du Mont-Blanc de forme ronde ou rectangulaire. Chaque fois qu'un hameau est assez riche, il possède sa fontaine publique aux dimensions spacieuses, presque toujours en pierre. Le ciment et la tôle sont actuellement utilisés pour les fontaines familiales, elles n'ont plus le charme des vieux troncs d'arbres mousseux ou le poli centenaire des vasques de pierre laissant couler la source vive qui ne cesse jamais de faire entendre sa voix.

Le bas de la Vallée de Montjoie est parsemé d'habitations groupées en hameaux : Le Praz, la Combaz, Bernot, Bionnay, la Gruvaz, Tresse, le Craz, la Chapelle, la Ravenaz, la Chevrettaz, le Chapelet, les Contamines, les Loyers, le Baptieu. A droite du torrent du Bon Nant, derrière Bionnay, c'est la combe de Bionnassay. Celle-ci se termine en un cirque dont les bords sont formés du Col de Vozas, des contreforts du Mont Lachat, des rudes moraines du grandiose glacier de Bionnassay et des raides apics de la Roche Blanche. Ce torrent dévasta les hameaux situés sur son passage et, plus bas, les bains de

Saint-Gervais en 1892. Sur la rive droite du Bon Nant se dresse l'éperon de Champel supportant les cultures et les maisons de ce village que dorent les derniers rayons du soleil couchant. Puis, caché par un repli de la montagne, plein de fleurs et riche en ruches, s'étire en long le hameau de la Villette, dont les cultures, bien situées à l'« adroit », rejoignent celles des villages de la Gruvaz et de Tresse, aux maisons échelonnées de la route départementale jusqu'à l'entrée des gorges, hautes et étroites, du torrent du Miage. Sur les pentes du Truc d'autres groupes de chalets se détachent comme les grains d'un chapelet. Derrière la croupe arrondie de ce mont, dont les alpages sont renommés et dont les bergers surveillent la fabrication de la « tomme », c'est, perché à 1.800 mètres, au bas du glacier du Miage, le groupement des chalets du Miage aux pierres grises, aux toits aplatis et bas comme écrasés par les hauteurs formidables qui les dominent, l'aiguille de Bionnassay avec ses 4.052 mètres et le dôme de Miage avec ses 3.673 mètres.

Toujours sur la rive droite du Bon Nant, après Tresse, la vallée s'élargit, la bordure sévère des sapins s'éloigne ; des hameaux, la Chapelle, le Chapelet, se succèdent ; les cultures s'étendent de part et d'autre de la grande route, jalonnée d'oratoires et de croix de fer ou de bois ; le terrain ne cesse de s'élever et le chef-lieu de la commune, les Contamines, surgit, indiqué par le bulbe de son clocher. Son église, placée au centre de l'agglomération, est un peu en retrait de la route, et son cimetière classique fait terrasse. Des peintures extérieures donnent à cet édifice un caractère italien alors que la modeste colonne du « Monument aux Morts » rappelle l'héroïsme des montagnards.

Les Contamines, situées à 1.167 mètres, sont un bourg qui se développe comme station touristique d'été et d'hiver. Ce village est un point de passage fréquenté au bas des cols du Bonhomme et du Joly. Des hôtels, des magasins, un bureau de poste propret et clair, une école, des villas donnent au village la vie et en assure l'activité. Les Contamines sont reliés à Saint-Gervais par une route excellente et leurs habitants, conscients du progrès, ont constitué un Syndicat d'Initiative plein d'allant. L'agglomération dépassée, la route descend un peu jusqu'au confluent du torrent du Bon Nant avec le Nant Rouge, puis s'engage dans une sorte de petite plaine où courent des eaux vives formant ruisseau ; elle se resserre de plus en plus pressée par les monts de Trélatête et de Montjoie couverts de forêts. Un peu avant d'atteindre le début du dur chemin dallé qui va monter vers le Nant Borrant et vers le Bonhomme, sur la rive gauche se détachent les pierres blanches et l'humble toit en aile de pigeon de la chapelle de Notre-Dame de la Gorge. Une auberge pour les pèlerins permet au touriste un repos, soit à la descente du col, soit à l'arrivée au bas du « chemin romain ». Le pèlerinage de Notre-Dame de la Gorge est célèbre et, au 15 août, il y a foule autour du chemin de croix et du sanctuaire.

Sur la rive gauche du Bon Nant et en dessus du Pont du Diable à Saint-Gervais et des hameaux dominant la route de Mégève, le Nérey, Cuplin et Chanton, toute une suite de chalets et de groupes de demeures s'échelonne sur la route montant vers le haut du ravin de Tarchey, la Planchette, Vernaz, Orcin et les Granges ; les cultures s'entremêlent avec de petits lots de forêts, les vergers y sont nombreux jusqu'à la barrière de sapins des crêtes de l'Arbois.

Une gorge schisteuse de tonalité grise, un torrent qui s'ébroue en cascades, un pont rustique, une route étroite tracée le long du ravin et voici un « plan » qui s'étale. Des chalets disséminés, une chapelle dédiée à la Vierge et on arrive au village des Vincents, un des « quartiers » de la commune de Saint-Nicolas. Le plateau est large ici, un village en forme le fond, des prairies et des champs lui donnent un caractère « rural », alors que les arrière-plans en forêts et en pâturages demeurent alpestres ; à l'Est et au Sud-Ouest le panorama est splendide et circulaire : d'un côté, ce sont les « vagues » des Aravis, la « coche » de Cluses permettant de voir dans la direction de Genève, le sommet du Mole, les fantastiques rochers de la pointe de Warens, les remparts du Désert de Platé et les moyenâgeuses défenses des Fiz. A l'Est, le regard embrasse la croupe du Prarion et, après les cols de Vozas et de Bellevue, les neiges éternelles du Massif du Mont-Blanc, le dôme du Goûter, l'aiguille du même nom, l'aiguille du Bionnassay, le col du Miage, le dôme du Miage et les glaciers de Bionnassay, de Miage et de l'Armancette.

La route, laissant sur sa droite le village des Plans, passe devant la chapelle des Chatrix et parvient au chef-lieu de la commune, à Saint-Nicolas-de-Véroce (1.180 mètres d'altitude), dont la belle église se détache, nette et rectiligne, sur le fond des glaciers. Saint-Nicolas s'étend le long de la route depuis l'église jusqu'à sa place qu'orne une mairie en solides pierres avec un toit d'ardoises et, au-delà, jusqu'au groupe de demeures dites de Véroce. La route se poursuit encore à flanc de montagne pendant deux kilomètres jusqu'au hameau du Planet ; ici, elle s'amenuise et laisse la place à un sentier muletier qui, descendant dans une combe étroite, passe au pied des hauts rochers du Quarteron. Ce sentier rejoint une petite route qui suit sur sa rive gauche le Bon Nant et traverse les hameaux situés presque en face des Contamines et cités plus haut, les Hoches, la Ravennaz, la Chevrettaz, les Loyers, le Baptieu. Le Mont Joly surplombe de toute sa hauteur ces groupes de chalets, ses crêtes couvertes de prés ou de forêts sont rudes et se terminent par des flancs schisteux presque à pic.

Ainsi, paysages grandioses, visions rustiques de la campagne savoyarde, prés, forêts, vergers, se succèdent et maints points de vue sans cesse nouveaux naissent sous les pas du voyageur qui parcourt la Vallée de Montjoie et ses pentes. C'est pourquoi la charmante devise de la « doulce châtelaine Béatrix » devient tout de suite vôtre : « Montjoie est ma joie ».

L'histoire de la Vallée

Le site si attachant qu'est la Vallée de Montjoie ne parle-t-il pas davantage à notre esprit et dans une large mesure à notre cœur lorsqu'on connaît l'histoire de ces villages, de ces hameaux et de ces chalets répartis çà et là le long de la montagne. La sérénité des hauts sommets n'a pu empêcher la Vallée de vivre ; leur âpreté même et l'isolement des alpages, comme les rudes assauts des neiges et la sévérité du climat, donnent à l'effort de ses populations un caractère particulier.

On s'étonnera à juste titre d'apprendre que ce pays perdu du Haut-Faucigny a été habité depuis les temps les plus lointains. Même à une époque où les « Glacières des Alpes » n'étaient pour l'homme de la plaine et pour le voyageur qu'une contrée redoutable et redoutée, la Vallée de Montjoie participait à l'histoire de la région dont elle fait partie intégrante : la Savoie.

En effet, les populations de ce val alpin, accroché au flanc du Mont-Blanc, ont traversé au cours des siècles les mêmes vicissitudes que leurs concitoyens savoyards ; leur situation géographique quelque peu excentrique par rapport aux grands faits historiques ne leur a pas épargné les invasions, les troubles et les guerres. Les mouvements profonds qui ont agité les esprits à telle ou telle période se sont faits sentir jusque dans ces hameaux placés à plus de 1.000 mètres. Individuellement des qualités de courage, de ténacité, de robustesse ont amené plus d'un habitant du Val Montjoie à servir avec honneur dans les armées des princes de Savoie et dans celles de l'Italie. Plusieurs enfants de la Vallée se sont distingués à Chambéry et à Paris – l'un d'entre eux Bouvard, fut une des gloires de l'astronomie au début du XIXème siècle.

Les évènements de l'Histoire européenne ont donc eu leur répercussion dans cette région du Haut-Faucigny et des souvenirs de ceux-ci y demeurent ; l'évolution sociale et politique de la Savoie a agi, également, sur les mœurs, les coutumes et la vie locale. D'autre part, les conditions de l'existence, la nature du sol, le climat, les ressources naturelles ont eu leur influence sur l'habitat, les modes de culture et l'économie politique des populations de la Vallée de Montjoie ; l'étude de la « géographie humaine », de ce coin de l'Italie, de cette zone alpestre, éclaire aussi singulièrement la pleine connaissance de particularités qui ne s'expliquent pas d'un simple et rapide coup d'œil. C'est en notant ces différents points et en les rappelant qu'on dégage la vraie figure de la Vallée. Les glaciers si froids soient-ils, les rochers si inaccessibles qu'ils puissent apparaître, les combes si étroites qu'elles nous semblent, ces villages et ces chalets, si peu semblables à nos cités surpeuplées, sont alors comme plus vivants, plus près de nous et, en un mot, nous sont plus familiers. L'affection profonde qui attache les habitants de ces villages et de ces chalets à ces bois, à ces champs et à ces grandioses spectacles qu'ils aiment parce qu'ils y sont nés et qu'un long cortège d'ancêtres les a précédés, nous est ainsi mieux compréhensible. Sachant ces choses, c'est avec un autre regard que le touriste, le passant, s'arrêtera et contemplera les beautés de ce site ; le panorama leur sera infiniment plus émouvant, car le souvenir du passé complétera l'harmonie des lignes du paysage.

*
**

Les heures préhistoriques et la première histoire

Dans les « temps les plus lointains », comme on disait dans les veillées de jadis où, groupés autour de la grande cheminée de bois, les jeunes apprenaient des anciens ces traditions où derrière la légende se voile la vérité historique.

Aux heures quasi fantastiques de la préhistoire, le « Val Montjoie » était déjà peuplé malgré la rigueur de son climat et l'épaisseur de ses forêts. Les grands froids avaient alors cessé et les immenses fleuves de glaces avaient peu à peu regagné les « glaciers alpestres ». Le Val Montjoie avait tout d'abord verdi, puis s'était couvert d'une vaste sylve ; sur le haut des monts, bouquetins, chamois et rennes prospéraient à la lisière des neiges éternelles. C'est alors, à la fin du quaternaire, par petits groupes s'installant dans les « grottes » de la montagne, les « balmes » en patois, qu'apparurent, venant de l'Est, les premiers habitants de la Vallée.

Ces premiers « humains » devaient être semblables à ceux de ces cités lacustres du lac du Bourget et du lac d'Annecy, ou encore des « stations » retrouvées sur les bords du Léman. Les traces de la pénétration vers le Haut-Faucigny de ces chasseurs aux armes de silex, aux colliers d'os et aux mœurs sauvages, peuvent se relever sans trop d'imagination créatrice. Cette marche vers la grande montagne blanche aux forêts riches en bêtes à fourrures, nous pouvons en effet, la noter partant des lacs vers la vallée de l'Arve avec les dolmens de Pers, Jussy, d'Etremblières, de Reignier, puis, en plein val de Chamonix, aux Houches, avec les « pierres à bassin », constituées par quatre vastes écuelles creusées dans trois pierres. Le bloc erratique du Chatelard à Servoz ne paraît pas être naturel. Peut-être que, dans quelque grotte du Val, trouvera-t-on un jour des haches de pierre taillé, des épingles d'os de renne ou des colliers divers, restes informes mais combien émouvants, des premiers balbutiements de la civilisation, comme on en a découvert à Modane ou sur les crêtes élevés du Salève ?

Un jour, ces hommes virent monter vers eux d'autres humains, bruns et agiles ; des armes nouvelles brillaient en leurs mains et tintaient en s'entrechoquant. Ils arrivaient par les hauts cols de l'Helvétie ou de l'Italie. Des luttes s'engagèrent et les « premiers hommes » ne purent résister aux Ligures qu'ils voyaient, du haut de leur grotte, forger ces armes de bronze qui assuraient à l'envahisseur une « suprématie technique » indiscutable ; la « science » apportait ainsi son concours aux vertus guerrières.

Alors les « balmes » virent massacrer les chasseurs de rennes ; la Vallée devint territoire ligurien ; ses nouveaux occupants savaient cultiver et les grands sapins connurent, désormais, la blessure mortelle de la hache et les feux de défrichements. Les petits plateaux, les « bons côtés », l'« adroit » de la montagne servirent à édifier des huttes d'où montèrent chaque soir vers le ciel la fumée des foyers. Ces Ligures étaient industrieux et de solide race, l'histoire les connaît sous le nom de Ceutrons ; ils savaient forger le métal au son grave qu'ils tiraient du cuivre recueilli dans cette montagne du Truc, qui a toujours gardé son appellation ligure : truc, en effet, serait le terme utilisé par les Ibères pour désigner les montagnes de la hauteur de celles de la Vallée de Montjoie.

C'est au Vème siècle avant J-C. que les tribus celtiques, descendant du Nord de la Gaule, font peu à peu tache d'huile et s'installent dans la vallée du Rhône, puis dans la région lacustre savoyarde, refoulant les Ceutrons qui ne peuvent résister aux armes de fer dont sont munis ces Celtes, dénommés Allobroges. Une nouvelle technique triomphait d'un armement insuffisant. Les Ligures combattirent avec une farouche énergie, mais la pression celte fut plus forte ; cependant les Allobroges ne purent pénétrer dans les hautes vallées de Chamonix et du Val Montjoie. Les Ceutrons parvinrent à s'agripper et à tenir sur les flancs du Mont-Blanc et du Mont Joly ; les Allobroges établirent alors les quatre « oppida » qui constituent la ligne d'arrêt de la conquête celtique ; ces « camps » sont ceux de Mégève, des Amerands, couvrant les plaines du Fayet, de Champel en avant de Saint-Gervais, face à Saint-Nicolas, plateau ceutron alors, puis, au-delà du Prarion, du Chatelard au-dessus de Servoz et sur la Diosaz ceux de la Bajule et de Pormena. La Vallée de Montjoie était donc déjà pays frontière, une « marche ceutronne » protégeant les tribus demeurées, malgré toutes les attaques, en Tarentaise et en Haute-Maurienne.[3]

*
**

La domination romaine

La longue lutte soutenue par les Allobroges contre les Ceutrons amena-t-elle un « rapprochement » entre les Ceutrons et les tribus celtiques ? Il est permis de le penser. Du reste, des « infiltrations » s'étaient produites entre les deux races adverses et le druidisme avait pénétré dans le val Montjoie. La nécessité de se défendre contre la puissance romaine dut faire taire les vieilles haines qui subsistaient entre ces deux peuples.

On sait qu'Allobroges et Ceutrons furent nombreux dans l'armée d'Annibal et, selon toute vraisemblance, c'est par le col de la Seigne qu'une partie des forces carthaginoises parvint au Val d'Aoste ; peut-être la Vallée de Montjoie vit-elle monter d'un pas lent, cassant d'un coup de trompe les basses branches des sapins séculaires, les éléphants de guerre des Carthaginois vers le col du Bonhomme et entendit les rauques appels des cavaliers berbères et phéniciens arrivant par Genève et Annecy pour combattre les Romains.

---

[3] M. Ch. VALLOT, dans sa description générale du massif du Mont-Blanc donne une carte intéressante de ces « oppida ».

Sallanches au XVIIe siècle

Plus tard, ce fut l'éclat métallique des cuirasses des centurions romains se détachant précis et net sur le fond des alpages ; ce fut aussi l'occupation régulière et sévère avec son cortège de lourds impôts, de mesures répressives et le percement des voies de pénétration. Les Ceutrons durent courber la tête et, pics en mains, transformer en route la piste serpentant de la plaine de l'Arve jusqu'à la gorge du Bon Nant ; il fallut, sous la menace du fouet, s'attaquer au roc même et tailler les marches de la voie romaine qui conduisait d'Octodurus, Martigny, vers Aoste, et qui, à Passy, rejoignait aussi la route allant à Genève et à Boutae (Annecy). Mais ce ne fut pas sans révoltes que les Ceutrons subirent la « pax romana » ; toutefois, ils ne purent empêcher César de passer les Alpes pour aller sauver sa dixième légion bousculée aux confins de l'Arve et du Rhône par la grande rébellion des helvètes. César, après avoir anéanti ces derniers devant

Autun, fit occuper les hautes vallées alpestres par son lieutenant Sergius Galva qui, à Martigny, face aux flots tumultueux du Rhône, établissait le « Castrum d'Octodorus », sous l'œil des légionnaires, et grâce aux routes romaines, la « paix romaine » régna, dès lors, sur toute la Vallée de Montjoie.

Un trafic important – cela paraît hors de contestation – se développa par les cols de la Seigne et du Petit Saint-Bernard vers la Tarentaise, d'une part, et vers le Faucigny, d'autre part. Albanis Beaumont a bien mis le fait en évidence. Il cite deux passages précis de Strabon que nous traduisons ainsi : « Ensuite (à partir d'Arebrigium, c'est-à-dire Pré Saint-Didier en amont d'Aoste) la route se partage en deux voies, l'une qui par le passage des Alpes Pennines (Penninas Fauces) tend vers le sommet des Alpes, est inaccessible aux bêtes de somme ; l'autre par le territoire des Ceutrons est à l'occident ». Et encore, en parlant de la voie qui d'Italie conduit à Lyon par le pays des Salasses (Vallée d'Aoste), « elle est double, l'une pour les chars, accessible par un parcours plus long à travers les pays Ceutrons, l'autre par le passage des Alpes Pennines plus courte, mais inclinée et droite ». Le pays des Ceutrons, c'est la Tarentaise, et le passage, c'est le col de la Seigne ; nul doute que la « plus courte, mais inclinée et droite » est celle de la Vallée de Montjoie ; c'est la « voie romaine » qui de Notre-Dame de la Gorge conduit au Nant-Borrant et au Col du Bonhomme. En 1787, nous rapporte Albanis Beaumont, dans sa description des Alpes graies et cottiennes, publié à Paris en 1802, on trouva au pied de la montagne de Montjoie, c'est-à-dire à l'amorce de la voie romaine, des pièces de monnaie datant des Empereurs.

Le nom de Montjoie vient, semble-t-il, d'un autel dédié à Jupiter qui, placé sur le passage du Bonhomme, au sommet du Plan Jovet, aurait vu au Moyen Age sa dénomination transformée en Mont Jouet puis Montjoie. Certains écrivains, allant plus loin, y ont vu une plaisanterie de clercs qui, traduisant Mont Jouet en Mons Gaudii (Mont de la Joie) ont, en retranscrivant ce terme du latin en français, écrit Montjoie. On pense qu'au Plan des Dames le tumulus de pierre, où la tradition veut qu'une dame de qualité y soit tombée morte et enterrée, un petit autel dédié à Mercure, le dieu des voyageurs, le Saint-Christophe du Monde païen, ait existé. Quelle est la part de la vérité dans cette tradition ? Ne s'agit-il pas d'une sorte de lieu tabou soit d'un hermes où le passant devait dans un geste rituel apposer sa pierre. Vieux souvenir du totémisme ancestral.

Nous avons un témoignage historique de la « pax romana » et son installation dans la vallée de Montjoie par la « Pierre de la Forclaz » dont l'inscription éclaire le passé romain du Val Montjoie. Cette région du Mont-Blanc faisait alors partie de la province des Alpes Graies, sous Claude, Empereur, les Ceutrons étaient placés sous l'administration directe de Rome et justiciables du « jus romanus ». Accolée à la Province Narbonnaise, la Vallée formait frontière, c'était par le col de Balme à OCTODORUS (Martigny). Les Romains tenaient à ce que le pays soit calme ; or, il y a tout lieu de penser que les Ceutrons ne cessaient de se battre avec les habitants du Val de Chamonix. Pour éviter ces luttes, Vespasien étant empereur, Eneius Pinarius Clemens, son légat fit dresser dans un champ du Col de la Forclaz, entre les forêts du

Prarion et de la Tête de Montfort, une « borne » avec inscription si on veut, qui fixait la démarcation entre gens du Val de Chamonix et gens du Val Montjoie.

On a longuement discuté sur la « Pierre de la Forclaz ». Le succès si profondément mérité de l'ouvrage de Charles Durier sur le Mont Blanc a fait connaître l'histoire de la fameuse inscription. Durier rappelle que c'est en 1852 que des chalezans remarquèrent la dite pierre. On en parla à Saint-Gervais et un baigneur monta la voir et en signala l'existence. « Par ses soins la pierre fut retirée du sol et déposée à l'écart. Le 18 juillet, M. J.-A. Bonnefoy de Sallanches l'alla visiter et en copia l'inscription. Elle resta « en haut » pendant plusieurs années, puis on la descendit aux Plagnes, sur la route du Fayet à Saint-Gervais, proche de l'actuel hôtel du Panorama, encastrée dans une sorte de ruche. « Tel est, nous dit encore Charles Durier, l'historique de la découverte de l'inscription de la Forclaz, un des plus précieux monuments de l'antiquité dans la Savoie. La date de l'inscription est très précise. Elle remonte au cinquième tribunal de Vespasien, qui prit fin le 1er juillet 74. Elle a, par conséquent, dix-huit siècles bien comptés d'existence. Posée par un légat de l'empereur, propréteur de la Germanie Supérieure, elle fixait les confins du territoire de deux peuples – les Ceutrons ; elle est très lisible, ce qui n'est pas le cas toujours. Les caractères sont, en général, bien conservés, mais gravés assez grossièrement sur une pierre schisteuse à grains de quartz qui ont dû gêner la main de l'artiste ; quelques-unes (justement les premières lettres de ce nom qu'il nous intéressait de connaître) se sont éclatées. On hésite surtout entre Vienneuses et Viimneuses. Je n'entrerai pas dans les débats qui ont ces deux versions. C'est affaire aux épigraphes. Plusieurs n'ont voulu voir dans la pierre de Larioz qu'une délimitation quelque peu excentrique entre les riverains de l'Arve vers Passy et les Ceutrons du Val montjoie, sur le même versant de la Forclaz. Le simple voyageur penserait plutôt qu'il s'agit des Ceutrons et des habitants de la Vallée de Chamonix. Dans cette hypothèse que suggère si naturellement la position de la pierre sur le chemin de communication entre les deux vallées à l'extrême limite des cultures, les Vienneuses ou Viimneuses seraient donc les habitants de la vallée de Chamonix et l'inscription leur aurait attribué la possession disputée de l'alpe de la Forclaz. Si on lit Vienneuses on admettra que les Allobroges de la province Viennoise occupaient jusqu'au cours supérieur de l'Arve. Si on lit Viimneuses, on supposera que ce district a été colonisé par une peuplade distincte venue peut-être du Valais. »

Voici, du reste, l'inscription latine et sa traduction :

Ex Auctorit
Imp Caes Vespasian
Aug Pontificis Max
Trib potest V Coc V
Desi VI P. P.

En Pinarius Cornel
Clemens leg eius propr
Exercitus Germanici
Superiores inter
VI...neuses et Cevtronas.

Par l'autorité de Vespasien, Empereur Cesar Auguste, grand pontife, nommé tribun pour la cinquième fois, consul pour la cinquième fois, père de la Patrie pour la Vème fois, Eneius Pinarius Cornelius Clemens, son légat, proprêteur de la Germanie supérieure, a posé les limites entre les Viennois et les Ceutrons.

La pierre posée en présence d'Eneius Pinarius Cornelius Clemens, le sombre Val de la Forclaz dut voir encore quelques rapides luttes entre les Ceutrons et leurs adversaires ? Peut-être plus d'un crâne alla se fracasser sur la borne romaine au cours d'un corps à corps sauvage dont les seuls témoins furent toujours de grands et muets sapins ?

*

**

L'Allobrogie et l'époque Burgonde

Si l'Allobrogie latinisée connut l'aisance et la prospérité, la vie dut rester rude chez les Ceutrons du Val Montjoie. Le christianisme modifia-t-il, en pénétrant en ces lointaines vallées, les mœurs presque sauvages de leurs habitants ? Quelles furent les origines chrétiennes de la Vallée de Montjoie ? Nous laisserons comme par trop légendaire la croyance à un passage de Saint-Pierre vers Genève et à la descente par le Bonhomme de ses apôtres directs, « allant et prédicant » dans la vallée. M. Henri Grandjacques, dans une solide étude sur Notre-Dame de la Gorge, a fort justement noté que le renom d'antiquité de ce sanctuaire « n'exige point qu'on lui décerne ainsi tout à coup dix siècles supplémentaires d'existence ». Ce même auteur ajoute, ce qui semble être la vérité historique : « Peut-être sont-ce les Ceutrons de Tarentaise qui apportèrent la vraie foi à leurs frères du Nord. Leur premier évêque, Saint Jacques l'Assyrien (426), étendait souvent sa sollicitude aux régions voisines. Son troisième successeur eut aussi l'occasion de prêcher dans le Haut-Faucigny, lorsqu'il se rendit, en 517, à la fondation du monastère de Saint-Maurice d'Agaune en Valais. » C'est probablement, en effet, par le fond de la vallée, par les cols du Bonhomme ou du Joly, que pénétrèrent les premiers propagateurs de la foi chrétienne. Le hameau au pied du Montjoie qui a nom de Baptieu était-il un émouvant « lieu de baptême » où, sans pompes, sans orgues tonitruantes, sans encens répandu, mais dans le geste rituel de Jean baptisant dans les eaux du Jourdain, des sauvages en peau de bêtes courbaient la tête sous la formule sacrée ? Le fait historique et qui prouve l'évangélisation de la haute vallée est moins le rattachement de l'évêché de Genève à la Métropole de Vienne par le Pape Léon Ier que la précision donnée sur les limites du diocèse genevois par le Concile de Genève de 726 après Jésus-Christ.

L'invasion burgonde ne s'est faite pratiquement guère sentir pour les Ceutrons du Val Montjoie peu gallo-romanisés et, je pense, fort superficiellement christianisés, ayant gardé maintes traditions druidiques dans le fond de leur cœur. En effet, le Val Montjoie resta en dehors de ces grands mouvements « d'invasions des barbares » qui poussèrent les tribus burgondes, par la pression qu'elles éprouvaient du fait des Alamans du Rhin vers le Rhône, puis par suite de l'arrivée des Huns d'Atila, du Rhône aux hautes montagnes des Alpes neigeuses, dans cette vaste région que les historiens du Bas empire appelèrent la « Saubadia ». Il s'agit ici plus d'un accord, d'un pacte entre Romains et burgondes que d'une conquête. « Les Barbares avaient été appelés par les magistrats gallo-romains, résignés à subir un mal pour se soustraire à d'autres maux devenus intolérables. Serviteurs dévoués de l'Empire, briguant avec empressement les titres de Rome, ils furent utilisés par les derniers Romains comme défenseurs des régions que l'empire ne pouvait plus protéger. En retour l'autorité impériale autorisa le partage des terres des patriciens gallo-romains. Il n'y eut pas spoliation et pour les forêts et les alpages du Val de Montjoie la seule position intéressante fut celle de la liberté des passages et des communications. »

Durant l'histoire des royaumes burgondes, la Vallée vécut de son existence retirée, ne se doutant guère des drames de la plaine, des luttes entre Francs et Burgondes, ignorant qu'elle relevait du roi Dagobert. Elle voyait de loin en loin passer, rapides, quelques barons entourés d'hommes d'armes au service de Charlemagne allant ou venant d'Italie. Elle savait plus ou moins confusément que son suzerain était le Comte de Genevois. Ce comté lui-même allait être fort disputé. « Bosson, beau-frère de Charles le Chauve crée le royaume de Bourgogne cisjurane (879) entre Alpes, Rhône et Méditerranée. Neuf ans plus tard Rodolphe, fils d'un comte d'Auxerre, se fait, à Saint-Maurice en Valais, proclamer roi de la Bourgogne transjurane qui comprend sensiblement Franche Comté, Valais et Genevois mais très passagèrement car Rodolphe II réunit sous sa seule autorité les deux Bourgognes[4]. »

---

[4] Ch. Vallot op. cit. Page 28

Ces conflits échappaient à l'attention des habitants de la Vallée. Par contre les Burgondes apportèrent avec leurs bagages des « moines défricheurs » qui, après l'An Mille, vont s'installer dans les hautes vallées alpestres et y établirent des monastères. Il fallait l'âme ardente et laborieuse de ces moines pour essayer de transformer ces vrais sauvages et les « comtes » savaient que seuls ces hommes de Dieu pourraient mener à bien cette tâche.

Quels furent les moines qui « mirent en valeur » la Vallée de Montjoie ? Faut-il admettre que ce furent des Bénédictins piémontais établis vers 1090 dans le val de

Chamonix ? ou bien des Bénédictins de Cluny venus de Contamine-sur-Arve ? M. Henri Grandjacques a été amené à étudier de près ce point dans sa notice sur Notre-Dame de la Gorge et montre que ce sont des moines de Contamine-sur-Arve qui ont construit au XIVème siècle la deuxième église de Saint-Nicolas, mais en furent-ils les fondateurs ? Saint-Gervais avait déjà, de son côté, son église en 1100. Y eut-il, enfin, un « anachorète » dans la grotte de Notre-Dame de la Gorge ou ne s'agit-il que d'un moine détaché de Saint-Nicolas et de l'établissement d'une chapelle devenue lieu de pèlerinage vers la fin du XIIIème siècle ? Les précisions manquent, mais ce que l'on peut affirmer c'est que la Vallée de Montjoie était sortie des ténèbres des premiers temps quand surgirent les Sarrasins.

Pendant quatre-vingts ans ces Barbares firent régner dans tout le pays une véritable terreur. Sans doute, il faut se défier de l'exagération trop ardente de certains documents contemporains qui ne parlent que de massacres et d'incendies, qui affirment que le pays fut transformé en désert et se laissent aller à de terribles imprécations contre ces « bêtes sauvages », ces « Sarrasins exterminateurs ». Comme on le sait, les Musulmans restèrent accrochés dans les montagnes, plus spécialement en Maurienne et en Tarentaise. Or, c'est sans doute par Beaufort et le Joly que des bandes sarrasines durent à plusieurs reprises passer dans la Vallée de Montjoie et mettre à feu et à sang les hameaux rencontrés sur la route qui les conduisait au riche monastère de Saint-Maurice en Valais. Peu à peu « les barons » parvenaient à refouler les « Infidèles », mais en même temps fortifiaient leur puissance. Le Val de Montjoie constituait une des châtellenies des sires de Faucigny dont le solide château-fort dominait la plaine de l'Arve, en avant de Bonneville.

*

**

Le Moyen-âge

La Châtellenie du Val de Montjoie, ou « mandement », comprenait toute la vallée du Bon Nant et était dépendante de la famille du Fresnay de Loysin, anoblie en avril 1328 par patentes signées du dauphin Humbert. C'était gens de petite noblesse, sans fiefs à proprement parler, mais possesseurs de maisons-fortes et chargés comme tels de la protection de la Vallée.

Les Fresnay prirent de l'importance surtout après 1540. C'est à Saint-Gervais que naquirent Sébastien du Fresnay, sénateur et président à la Chambre des Comptes en 1635, et Pierre-Joseph du Fresnay, seigneur de la Bresse, président du Sénat de Savoie, mort en 1717.

Nous pouvons, d'ailleurs, nous figurer assez bien le Val Montjoie à l'époque du Moyen Age. Le vieux chemin du Berchat existait déjà et montait à Saint-Gervais à travers la forêt. Un château-fort ou à mieux dire une « maison-forte » à deux tours à poivrières se dressait sur un mamelon dominant un humble village dont les maisons étaient groupées autour de l'église ; les vestiges en subsistent encore et cette vieille demeure est maintenant une maison de retraite pour les indigents. C'était la maison familiale des Fresnay qui l'auraient acquise par héritage des Viller Saint-Ange ; elle avait nom de Haute Tour. Quant à l'église actuelle, ce n'est pas celle que connurent les châtelains de Montjoie ; la première fut brûlée au XVème siècle ; on conserva jusqu'en 1792 les cloches de cette première église, qui portaient le millésime de 1108. Selon les traditions locales, la première église de Saint-Gervais aurait été placée sous la protection des saints Laurent et Etienne et aurait porté cette dénomination. A une époque donnée, des inondations dévastèrent le pays ; c'est à elles que l'on doit les creux profonds où coulent les torrents du Gibloux, du Nant Ferney, du Nantet et du Tarchet. On dit que les prières adressées par la population aux saints protecteurs ne parvenant pas à arrêter les éboulements et inondations, on eut recours à un moyen héroïque : l'appel à des saints militaires, seuls susceptibles de faire reculer les éléments de la nature. Ainsi choisit-on Saint-Gervais et Saint-Protais. L'allure martiale de ces saints calma inondations et éboulements et on décida de placer sous la protection de saint Gervais l'église du village. Actuellement deux médaillons peints à droite et à gauche du porche représentent les deux saints sauveurs.

Au sud du village, un peu en contrebas mais surveillant en quelque sorte le « passage de la vallée », se trouvait une autre maison-forte dite de la Comtesse. Peut-être est-ce là que, parfois, s'arrêtait « Dame Béatrice », fille de Pierre, le « Petit Charlemagne », souveraine du Faucigny, dont la mémoire est chère dans tout le Val.

« Béatrix est une des plus illustres princesses du Moyen Age. Elle avait hérité d'Agnès, sa mère, l'énergie ; de son père, Pierre de Savoie, le génie politique ; des princes de Faucigny, ses aïeux, l'esprit chrétien »[5].

C'est probablement du « chemin de la Comtesse », ancienne route vers les Contamines, que descendait brusquement dans la gorge du Bon Nant le sentier conduisant à la paroisse de Saint-Nicolas-de-Véroce ; elle devait être assez humble et tenir plutôt d'une chapelle conventuelle. « Le chœur était fait en rond à six angles avec des fenêtres de cinq pieds de hauteur et petites de large, à l'ancienne monachale. »

Les hameaux qui parsèment la vallée devaient déjà exister et les « Contamines » possédaient une solide « maison-forte » située sur l'emplacement de l'église actuelle dont le clocher romain devait constituer une des tours de défense. De cette maison, qui était appelée « Montjoie », est daté de « l'an mille deux cent huitante

---

[5] Ch. Vallot, op. cit.

neuf » l'albergement des « montagnes des Prés et de Montjovet », octroyé par Dame Béatrix aux habitants de la haute partie de la Vallée.

Une Chapelle de la Vallée

L'albergement était un acte du Droit féodal en vertu duquel un seigneur cédait « à titre perpétuel » l'usage de propriétés, alpages en l'espèce, moyennant un prix une fois versé et une redevance annuelle, au profit de quelques habitants. Ainsi Dame Béatrix « albergea » en 1296 au bénéfice « des hommes de Saint-Gervais et de Bionnassay » les alpages du Prarion.

Au Moyen Age, le Val de Montjoie était plus peuplé que de nos jours et ses habitants ne cessèrent de défricher et d'étendre les cultures. La peste fit à la fin du XIVème siècle des coupes sombres chez les montagnards comme dans la plaine et les traditions gardent trace de ce terrible fléau. La vie devait être dure sous le régime féodal. « Surchargées d'impôts de toute espèce, les populations, écrit Magnin, se voyaient souvent obligées de laisser inculte une partie de leurs terrains faute de bras lorsque se faisaient les levées d'hommes pour le seigneur. » Cette misère détermina maintes révoltes, dont, en 1492, la « Jacquerie faucignerante ». Un mégèvan, Jean Clay, qui avait vécu en Suisse, voulut faire une sorte de république semblable aux ligues helvétiques ; il arma les gens des vallées du Haut Faucigny, battit les troupes de Blanche de Montferrat et entra en conversations avec Berne et Fribourg. On parvint à étouffer la révolte et les chefs furent pendus haut et court.

Au bout de la Vallée, à l'entrée du Bonhomme, était l'humble sanctuaire de Notre-Dame de la Gorge, qui possédait une statue de la Vierge que l'on venait vénérer et un oratoire proche d'une grotte. Ce sanctuaire était rattaché à la paroisse de Saint-Nicolas ; les Contamines ne seront, en effet, érigées en paroisses indépendantes qu'en 1760. Diverses traditions religieuses s'attachent à la chapelle et à l'oratoire dit de la Sainte Fontaine, notamment l'histoire d'un bûcheron miraculeusement sauvé du torrent et diverses guérisons attestées par des ex-voto.

Il faut croire que la sorcellerie exerçait ses ravages sur les esprits, car les archives de la région sont riches en procès contre les « Sorciers ». Ainsi, dans la vallée de Chamonix, sur le plateau du Châtelard, se trouvait le très fantastique château des Rosières où des « hérétiques » célébraient le culte de Saint-Orient et des scènes diaboliques. Il fallut que saint Vincent Ferrier aille sur les lieux exorciser divers habitants de Saint-Nicolas-de-Véroce et les chalezans du Châtelard. Un sieur Mermet Clégat, « du mandement de Montjoie », fut supplicié en 1495 au château de Châtillon près de Cluse pour « hérésie ». C'est ainsi, également, qu'en 1420 divers villageois de Saint-Nicolas-de-Véroce signaient une procuration pour poursuivre en justice et obtenir l'expulsion de sorciers : « Moulos malifactores, sortilegos, charmiliatores hereticos, incantare arte diabolics et aliomalo inbutos. » Les signatures n'indiquent aucune famille encore existante et sont les suivantes : Jacobus de Rimina, Bertrand Verglessat, Raymond Curtet, Pierre Millessat, Nicolas Jean, Jean Jacques, Bertrand Giranda.

*

**

La Renaissance et les guerres d'Italie

Les guerres et les événements de la Renaissance eurent leur répercussion dans la calme Vallée de Montjoie. C'est la lutte sévère engagée entre François Ier et Charles Quint, ce sont les campagnes d'Italie et c'est bientôt pour le roi de France, devant les abandons de la Maison de Savoie, la nécessité d'occuper les passes des Alpes et de conquérir le Genevois, le Faucigny, la Tarentaise. Pour la première fois, le Val de Montjoie devenait « terre française » et, ma foi, connut pendant 23 ans une période heureuse malgré la guerre. On vit alors les soldats de François Ier monter dans les gorges pour traverser le Bonhomme, on entendit les piques des Valaisans, nos alliés, résonner sur les bords de l'Arve devant les passes du Haut Faucigny et on compta de loin les feux marquant l'avance des Bernois et de la Réforme dans le Chablais. Malgré tout le « Français » savait se faire aimer. Henri II créait le Parlement de Chambéry et réunissait les « Trois Etats » où, dans les rangs du Tiers, devait figurer un délégué de la Vallée. Les populations de la région supportaient sans trop murmurer la présence des gens d'armes du Royaume de France.

Pendant la période des guerres civiles, le Prince de Savoie fit venir des troupes espagnoles et celles-ci ne furent point douces au « pauvre monde ». Charles-Emmanuel Ier entre bientôt en conflit avec Henri IV. Une rapide campagne a lieu ; Lesguidières atteint avec Henri IV Annecy, puis, faisant passer une partie de son armée par la vallée de l'Arve, monte à Cluse et brûle Sallanches ; son avant-garde, traversant le Val de Montjoie, va tendre la main à l'armée royale qui est concentrée dans la vallée de Beaufort. A cette époque saint François de Sales, au cours de ses missions évangéliques faites dans le Haut Faucigny pour « colmater » les progrès de la Réforme, passa à Saint-Gervais et dut coucher au « Château de Montjoie » aux Contamines avant d'aller prier, le 26 juillet 1606, dans la chapelle de Notre-Dame de la Gorge.

*

**

Du Dix-septième siècle à la Révolution

La Vallée ne fut pas touchée au cours de la nouvelle lutte engagée entre la France et la Maison de Savoie et menée avec toute l'énergie voulue par Richelieu qui chargea bien Bassompière d'occuper le duché mais le pria de protéger Christine de France, sœur du Roi. On entendit pourtant le canon tonner vers Bourg-Saint-Maurice.

Les progrès réalisés dans « le bon pays », c'est-à-dire la plaine, ne se faisaient guère sentir dans les hautes vallées alpestres où la vie restait frustre. Le long et grand règne de Victor-Amédée (1684-1730) permit, cependant, d'apporter d'indiscutables améliorations et une organisation meilleure. Les paroisses sont alors plus solidement constituées avec leurs syndics et leurs communiers ; les paroisses doivent en temps de guerre supporter les frais des réquisitions et subir le logement des troupes en quartier d'hiver ; chaque paroisse assurant les levées.

On constitue un cadastre et Victor-Amédée fait publier les Royales Constitutions qui seront désormais la base de l'administration et la justice en pays savoyard. Les impôts sont définis d'une façon précise : la taille, la gabelle du sel, la taille extraordinaire, le décime (pour alimenter les troupes). L'institution de l'armée permanente oblige chaque paroisse à « élire » un certain nombre de soldats qui s'en allaient servir dans la « brigade de Savoie » ; les gas du Val de Montjoie maniaient le mousquet au « régiment du Genevois ». Les habitants de la Vallée apprenaient ainsi à leurs dépens les multiples avantages du progrès administratif et social.

Pendant le règne de Victor-Amédée, à plusieurs reprises, les villages de Saint-Gervais et de Saint-Nicolas connurent « l'honneur de loger » les dragons de Louis XIV détachés du camp de Sallanches, commandé en 1694 par le marquis de Bachevillier, maréchal de camp des Armées du Roy, ou ceux de Charles de Foy, lieutenant général des Armées du Roy en 1711. Ces militaires ne semblent pas avoir inspiré beaucoup de haine aux habitants ; M. Charles Vallot donne à ce sujet dans son *Massif du Mont-Blanc* copie d'une pièce d'archive qui est symptomatique : « Nous sommes contents de Monsieur Jolicoeur, dragon, dans le hameau de l'Essert près du Houche généralement pour tout le quartier d'hiver. Jacques Desalioud, chef de billets (de logement). » (Arch. Comm. De Chamonix). »

Quelques années après, en 1743, il n'est pas une vallée du Haut Faucigny qui ne reçut de garnisons espagnoles de l'Infant Don Philippe au cours de la guerre de Succession d'Autriche. L'occupation espagnole dura six ans et fut fort lourde aux populations : réquisitions, impôts, services de transports, surveillance constante, rien ne leur fut épargné. Ainsi la Vallée de Montjoie fut obligée de loger un bataillon du régiment de Camarzo, de le nourrir, de l'héberger, de le chauffer et d'assurer ses transports.

Par ailleurs, au Grand Siècle, les gens de la Vallée et des chalets du Col du Joly avaient pu comprendre, en plus des occupations françaises et espagnoles, les horreurs de la guerre en voyant, un jour de l'été 1689, défiler la colonne des Vaudois qui, pasteurs en tête, fusilliers en avant et sur les flancs, femmes et enfants au centre, rentraient glorieusement en Piémont, traversant toute la Savoie. Partis de Nyons, le 16 août, ils traversaient le Chablais et arrivaient le 18 à Cluses, atteignaient Sallanches et montaient camper à Combloux. Le 19, la colonne, conduite par le pasteur Henri Arnaud, passait à Mégève, prenait par les crêtes de l'Arbois vers Saint-Nicolas-de-Véroce ou, à mieux dire, longeait les flancs du Joly, suivit les crêtes et, par le Montjoie, dût atteindre le Nant Borrant qui dépendait encore de la paroisse de Saint-Nicolas. Le 20, la colonne « montait ou plutôt grimpait, la neige jusqu'au genoux et la pluie sur le dos, sur une des plus rudes croupes de la montagne, appelée le Bonhomme ». De là par l'Iseran et par la vallée de l'Arc, la colonne atteignait la « terre ancestrale ». C'est du reste, « à la suite du retour des Vaudois, que Louis XIV faisait envahir par Catinat toute la Savoie et occuper toutes les vallées, y compris celle de Montjoie »[6]. Ce retour était comme un affront au duc de Savoie qui, après avoir demandé l'extermination des Vaudois, avait dû plier devant « 42 fantômes » et transiger avec eux !

La mise en vigueur des Royales Constitutions, en consolidant le pouvoir central, porta atteinte aux privilèges locaux. Le régime féodal ne cessa d'être battu en brèche, la consolidation des communes et des pouvoirs des syndics, l'administration directe de plus en plus pratiquée par les autorités sardes et le développement d'une certaine aisance parmi les populations rurales, permirent aux « serfs » de s'affranchir. Nous sommes ici en présence d'un mouvement général d'émancipation qui,

[6] Ch. Vallot, op. cit.

comme en France du reste, sera appuyé par la Royauté. Charles Emmanuel III accélèrera ces tendances en publiant un édit autorisant le rachat des « servitudes dues au seigneur ». M. Charles Vallot, dans son ouvrage déjà cité, publie à ce sujet une requête des syndics et conseils de Saint-Gervais et de Saint-Nicolas-de-Véroce à l'Intendant de la Province du Faucigny « pour convoquer l'assemblée générale des communautés au sujet de l'estimation des fiefs, dimes et autres droits seigneuriaux dépendant de l'hoirie du Comte de Montjoie ». Le 20 janvier 1770, le roi acceptait d'affranchir les communes des dimes et des conditions taillables personnelles et réelles dues aux successeurs de « feu Charles Antoine Anselme, Comte de Montjoie, savoir Françoise Iéronime Anselme, veuve du Baron Hyacinthe de Villette et le baron Charles Cheuron de Villette son fils ». Cette pièce est fort intéressante, elle nous fait connaître quel fut en somme le dernier seigneur de Montjoie et nous donne la « valeur de ses terres » puisque le prix d'affranchissement réclamé aux communautés est fixé à 17.000 livres, et nous fait connaître que la mairie actuelle de Saint-Gervais se trouve installée dans une des maisons du comte achetée à ses héritiers pour 1.000 livres.

Les habitants du Val de Montjoie ne se terraient pas dans leur « coin de montagne ». Le mouvement d'émigration que nous signalions plus haut ne fit au XVIIème et au XVIIIème siècles que s'accentuer. C'est vers la plaine, mais surtout vers Lyon, Vienne et Paris, que se dirigeaient les jeunes gens de la Vallée. Ils allaient tenter la fortune, faisant à force de labeur et de ténacité leur chemin ; certains allaient jusqu'en Pologne et nous avons pu relever sur des pièces d'archives de la commune de Saint-Nicolas la présence de ses enfants dans l'île de St-Domingue. Mais il était rare que ces émigrés oubliassent leur village natal et ici les preuves abondent, montrant, d'une part, les fortunes faites à l'étranger par ces montagnards, et, de l'autre, leur piété filiale. Ravenaz Nicolas, marchand et bourgeois de Vienne, fonde en 1703 une école à Saint-Gervais et lui alloue une dotation de 10.000 florins ; quinze ans plus tard, le même Ravenaz léguait 3.000 florins à la commune de Saint-Gervais pour entretenir « une école de filles avec une maîtresse qui leur apprit à lire, écrire et à travailler ». A Saint-Nicolas, trois frères établis en Autriche et probablement marchands de fourrures, ayant des représentants en Pologne, Gervais, Joseph et Guillaume Genamy, consacraient 7.595 livres à « l'entretien de l'église et à l'éducation de deux clercs » ; en 1738 ils faisaient construire au village un hôpital avec 18.000 livres de dotation. L'immeuble existe encore, c'est l'actuel Hôtel de la Terrasse. Beaucoup de dons allèrent au sanctuaire de Notre-Dame de la Gorge ; déjà en 1702 le curé Colliex avait pu reconstruire l'église, mais c'est son successeur, Claude Gaillard, un Saint-Nicolatin, qui obtint des Ravenaz des subsides et de nombreux ornements religieux. L'église des Contamines construite vers 1759 sur l'emplacement de la « maison-forte » des comtes de Montjoie, recevait en 1763 une dotation de 60.400 livres envoyée par un sieur Parent, « établi à Vienne » ; en 1772, la paroisse bénéficiait d'une somme de 10.000 livres donnée par Mme Raddaz pour le traitement du vicaire-général.

Vers 1755 toute la Vallée de Montjoie vécut dans la terreur des « brigands de Mégève ». C'étaient des contrebandiers qui « ne cessaient de passer et de repasser », menaçant de tout mettre « à feu et à sang ». Leur chef était un nommé Lucifer, restant de la bande de Mandrin. Il courait la vallée sous un habit de moine, se disant père du couvent de Saint-Bernard. Il leur montrait son calice en leur disant : Voyez un tel, il m'en a donné tant ». Lucifer « travaillait » surtout à Mégève, où il avait fallu mettre un piquet de soldats commandés par le chevalier de Toissinge de la Roche qui n'osait l'arrêter. A Sallanches même où « il y avait des dragons », Lucifer allait avec sa bande rançonner les passants. On l'arrêta pourtant à Aiguebelle de la manière suivante : Lucifer étant à l'auberge, tout seul mais armé jusqu'aux dents, le commandant de la prévôté, le sieur Laurent, s'en alla le trouver ; le « scélérat lui répond impertinemment. Le courageux officier, dont la troupe était au bas de l'escalier, lui lance un coup de poing à l'estomac qui le couche par terre et aussitôt, l'épée au rein, il le tient en respect jusqu'à l'arrivée de la troupe qui s'en empare de manière à ne lui échapper jamais. Il pleurait de rage de s'être laissé prendre, disait-il, comme un poltron ». (Archives de la Haute-Savoie). Un autre chef de bande, un Valaisan, dit le Gros Joseph, fut arrêté après bien des exploits à Chamonix. Un autre, dit Francillon, égorgea un curé et fut arrêté à Servoz.

Les contacts entre le monde extérieur et la Vallée de Montjoie étaient donc nombreux à la veille de la Révolution. Les « crystalliers », hardis et valeureux, ne craignaient pas d'aller fort loin à Genève, à Lyon vendre le produit de leurs recherches sur les glaciers, les « glacières », comme on le disait ; par ailleurs, les gas de Bionnassay, des Contamines chassaient le chamois et parfois, surtout vers le Nant Borrant, abattaient quelques ours. Par ailleurs, la montagne commençait à ne plus être qu'objet d'effroi ; n'est-ce pas en 1741 qu'eut lieu la « célèbre découverte de Chamonix » par les Anglais dirigés par Windham et Potocke ? Puis, ce sont les voyages de Saussure et de Bourrit qui vont attirer l'attention sur le « géant des Alpes ». On parle de lui dans les salons genevois et dans les milieux « des philosophes » à Paris. Dans la Vallée de Montjoie personne n'ignorait la promesse faite en 1766 par Saussure d'une superbe récompense allouée à ceux qui trouveraient le chemin qui conduirait « à la sommité » du Mont-Blanc ; on en parlait aux veillées, les imaginations et l'esprit des chasseurs de Chamonix et des « crystalliers » travaillaient. Cependant, ce ne fut qu'en 1786 que Jacques Balmat et le docteur Paccart vainquirent le « géant » des Alpes.

Si, et à juste titre, Chamonix revendique la gloire de Balmat, il faut rappeler que Bourrit, l'ami de Saussure et le premier alpiniste, chercha par l'arête du Goûter à atteindre le sommet du Mont-Blanc et cela en partant de la Vallée de Montjoie. En 1784, Bourrit, ayant appris que des chasseurs de chamois du village de la Gruvaz avaient atteint l'Aiguille du Goûter, parvenait à Tête Rousse ; Bourrit ne pouvait aller plus loin, lorsqu'un chamoniard, Jean-Marie Gouttet, et un des chasseurs de la Gruvaz, François Guidet, grimpaient plus haut. Ils ne devaient revenir que le lendemain, déclarant avoir atteint le sommet ; en fait, ils avaient atteint le Dôme du Goûter « et étaient parvenus à 400 mètres seulement au-dessous de la cime du Mont-Blanc dont ils n'étaient séparés, disaient-ils, que par une rainure de glace dans laquelle, s'ils avaient eu plus de temps et de secours, ils auraient pu tailler des marches et monter jusqu'au sommet ».

Devant ces résultats, de Saussure organisa une forte expédition qui, partant de Bionnassay, devait atteindre le Mont-Blanc après une halte à Tête Rousse où avait été édifiée une hutte de pierres sur les indications de Bourrit. Mais l'époque était tardive, on était en septembre 1785, et des chutes de neige arrêtèrent l'ascension après l'Aiguille du Goûter. Une véritable rivalité naquit entre les chasseurs de Chamonix et ceux du Val Montjoie ; le 30 juin 1786, Pierre Balmat et Jean-Marie Couttet montaient par Tête Rousse et l'Aiguille, alors que Jean-Michel Cachat, Paccard et Joseph Carrier grimpaient par la Montagne de la Côte ; ces derniers arrivèrent au dôme du Goûter bien avant les autres. Or ce même jour le crystallier Jacques Balmat, « ayant l'air de chercher des cristaux », rencontre les autres, redescend, les rejoint, les laisse l'abandonner sur l'arête et réussit seul le prestigieux exploit de la conquête du Mont-Blanc. Il faut attendre après le Premier Empire pour « grimper » le Mont-Blanc par Saint-Gervais et Tête Rousse.

Chamonix était désormais célèbre et on y venait de plus en plus, si bien qu'en 1786 les « serfs du Prieuré » pouvaient racheter leurs servitudes féodales. Il faut croire que les habitants de Montjoie étaient « plus à l'aise », car, comme on l'a vu, c'est, dès 1770, qu'ils se libéraient de leur comte.

*

**

La période de la Révolution

Au moment où la révolution éclate, la Vallée de Montjoie et ses villages sont prospères, mais les esprits ne sont pas sans participer aux agitations des pays d'en-bas. Des lettres envoyées par les nombreux compatriotes résidant à Paris ou à Lyon ont mis au courant ceux qui sont restés au pays. Des incidents se produisent à Thonon, à Cluses ; le Club des Allobroges de Paris agit et fait agir. A Chambéry, Victor-Amédée III essaie de contrecarrer ce mouvement, mais partout la révolte gronde ; l'abolition des privilèges en la fameuse nuit du 4 août soulève l'enthousiasme des paysans savoyards qui brûlent du désir fort compréhensible d'obtenir les mêmes avantages. Ce point laissait, peut-être, les communes de la Vallée de Montjoie un peu indifférentes puisqu'elles avaient racheté les droits seigneuriaux, et ce fait explique dans une certaine mesure la suite des évènements déterminés par la tourmente révolutionnaire dans le Haut Faucigny.

En avril 1792 les gouvernements sarde et français se déclaraient la guerre. On connaît la prestigieuse entrée en Savoie des troupes du général de Montesquieu, passant sous les arcs de triomphe et acclamées partout. On se rappelle la fameuse proclamation de la Convention Nationale aux Allobroges : « Nous exhortons les Savoisiens libres aujourd'hui sous l'égide des armées françaises à se réunir paisiblement et sans armes dans chaque commune à l'effet de nommer un député chargé d'exprimer leurs vœux dans une assemblée générale pour l'organisation d'un gouvernement. »

Cette nouvelle courut fort vite dans les trois communes du Val montjoie ; on peut en juger puisque la proclamation de la Convention est du 6 octobre et que l'assemblée était constituée le 21 octobre, comprenant dans son sein trois représentants des populations de la Vallée. Ces trois délégués furent J. Raddaz, J.-M. Bouvard, notaire et J.-B. Mollard. L'Assemblée Nationale des Allobroges » votait la déchéance de la Maison de Savoie, l'abolition des droits féodaux et émettait le vœu d'être réunie à la République française non par une simple alliance, mais par un accord indissoluble et formant partie intégrante de l'Empire français ». Le 27 novembre 1792, la Convention, debout, les tribunes entonnant la *Marseillaise*, décrétait la « réunion de l'Allobrogie à la France une et indivisible ». Désormais, le Savoyard devait ne plus oublier qu'il devait « vaincre ou mourir » pour la République en péril.

La Convention constitua la Savoie en département qui reçut le nom de « Mont-Blanc », divisé en 7 districts ; le Val Montjoie fut placé dans le district de Cluse dont le commissaire Simond, envoyé par la Convention, avait la surveillance.

Les troupes sardes s'« étaient repliées sur le Piémont mais gardaient des émissaires dans les hautes vallées en vue d'une descente éventuelle par les cols. Les prêtres de la Vallée étaient hostiles au régime républicain et fidèles à la royauté, leur influence sur la population était réelle, surtout celle du curé David, de Saint-Nicolas. Le Directoire du département du Mont-Blanc ayant décrété « une levée » au début de 1793, cet appel détermina une très vive agitation aussi bien dans la vallée de Thones que dans celles de Mégève, de Montjoie et de Chamonix. Ceci explique que le citoyen commissaire Rassat déclarait au club des Jacobins de Chambéry que « dans les districts de Saint-Gervais et environs on n'y trouvait guère qu'un patriote ou deux par commune ».

L'approche de la levée ne faisant que surexciter les esprits, on vit fin avril 1793 les gas de Saint-Nicolas, auxquels s'étaient joints quelques ardents de Saint-Gervais et des Contamines, monter par le Mont Arbois sous la conduite de Joseph Mollard. Elle rejoignit une petite troupe, mal armée mais audacieuse, réunie à Mégève par Jean-Baptiste Sylvand, qui avait servi à Versailles comme garde suisse, pour aller enlever les « citoyens du Directoire de Cluse ». On descendit sur Sallanches et on allait atteindre Cluse, quand les autorités alertées faisaient sonner la générale pour rassembler la garde nationale. En hâte, les conjurés regagnèrent leurs villages, mais quelques jours après, Mollard et Sylvand étaient arrêtés par les gardes nationaux de Cluse et de Sallanches. Traduits devant un rapide conseil de guerre, ils étaient fusillés et leurs biens vendus par ordre de justice.

En août, les citoyens du Val de Montjoie virent descendre du Bonhomme les colonnes de l'armée sarde commandées par le comte de Loche de Saint-Martin, alors que d'autres forces, venues du Vallais, passaient à Chamonix pour opérer au Fayet leur jonction avec les premières.

Le général Kellermann réorganisait l'armée des Alpes depuis le mois de décembre 1792. Il s'attendait à une attaque et, malgré des difficultés diverses d'ordre militaires et politiques, parvenait à prendre un ensemble de mesures de précautions constituant une forte armée à Lyon où il devait faire face à de graves troubles antirévolutionnaires. C'est du reste, devant Lyon que Kellermann apprend que les Piémontais avaient atteint Sallanches et marchaient sur Bonneville « d'où ils menaçaient Annecy et Chambéry ».

Les Piémontais amenèrent dans leurs fourgons le curé David qui, enflammant les ouailles de Saint-Nicolas, courut à Saint-Gervais s'entendre avec l'architecte Amoudruz pour la création d'une sorte de corps franc. Pendant ce temps, le 17 août, l'avant-garde des Piémontais se heurtait au Fayet, au pont du Bon Nant, aux gardes nationaux de la région ; le choc fut vif mais pas décisif. Les républicains reculaient sur St-Martin-sur-Arve alors que les Piémontais remontaient le Berchat et campaient en aval de Saint-Gervais. De part et d'autre, on recevait des renforts et les habitants du Val Montjoie faisaient descendre à bras les canons sardes depuis le Petit-Saint-Bernard jusqu'à Saint-Gervais. Le comte de Loche de Saint-Martin lance alors à l'aube du 21 août ses troupes aux cris de la brigade de Savoie : « Avanti Savoia ! » ; les républicains sont bousculés et avec eux le représentant du peuple Simond. « Dans cette affaire l'armée française eut 200 hommes tués ou noyés, elle perdit 13 prisonniers, 22 chevaux, des équipages, deux caissons et un canon. » La tradition veut qu'à ce dur combat l'architecte Amoudruz pointa si bien une pièce sur le tricorne empanaché de plumes tricolores porté par Simond que le chapeau tomba… ainsi que le pieu qui le supportait. Le conventionnel Simond avait-il eu trop chaud et avait-il déposé son panache ou avait-il pratiqué une ruse digne des Indiens de Fernimore Cooper ? Point d'histoire locale qui ne sera jamais résolu.

La figure de l'architecte Claude-François Amoudruz est attachante à plus d'un titre. Né à Samoëns en 1755, établi vers 1772 à Bonneville, il se révéla comme un des meilleurs techniciens du duché. Partout on retrouve des traces de son talent, à Cluses, à Sallanches où les habitants le proclament « bourgeois de la ville », à Rumilly où il bâtit ce beau pont de pierre qui est œuvre hardie, terminé en 1791. A la suite de ce travail d'art, il était nommé second ingénieur de la Savoie. Très attaché au Prince, Amoudruz se retira après l'arrivée des troupes républicaines à Saint-Gervais, pays de sa femme, Marie-Hélène Paccard.

A l'arrivée dans la Vallée de Montjoie des troupes sardes, Amoudruz, enthousiasmé, dirigea les paysans partis au Col du Bonhomme pour y chercher des canons. Devançant le geste de Bonaparte au Grand Saint-Bernard, l'architecte faisait creuser des troncs de sapins et amenait ainsi à la traîne les pièces jusqu'à Notre-Dame de la Gorge.

Après la défaite des Sardes, Amoudruz se retire chez son beau-père, le notaire Paccard. On l'y arrêtait ; encadré de deux républicains, il en sortait, quand, soudain, bousculant les soldats, il s'enfuyait par les bois jusqu'à Bionnassay. Le lendemain, dans la nuit, il revenait chez lui, cachait son argenterie, emmenait sa femme et ses deux enfants par le Bonhomme et le Val d'Aoste à Turin. Il recevait un commandement dans la vallée d'Aoste mais, lassé de subir l'exil, il rentrait à Saint-Gervais où, sous réserve d'une caution, il fut traité en « émigré libre ».

Amoudruz ne porta plus les armes mais ne cessa de travailler, se consacrant sous l'Empire à la restauration des églises. Musicien de talent, organiste né, il réinstalla maintes orgues dans tout le Faucigny. On le citait partout en exemple tant il était affable et charitable.

Les Piémontais entraient à Sallanches puis, poursuivant les républicains, ne les laissaient pas s'accrocher au défilé de Cluse et, traversant Magland, étaient en vue de Bonneville. Kellermann s'empressa d'envoyer des forces de ce côté ; le 4 septembre, le général écrivait « à 11 heures du soir » de Chambéry au Comité de Salut Public : « Dans le Faucigny, j'ai trois bataillons et des gardes nationales sous les ordres d'un brave militaire nommé Verdelin, commandant temporaire à Chambéry et capitaine au 35ème régiment. J'envoie le citoyen Santerre chef de brigade au 35ème régiment, que les représentants du peuple Dubois, Grancé et Gauthier ont nommé général de brigade, prendre le commandement de toutes les troupes rassemblées dans le Faucigny, à Bonneville, avec ordre d'attaquer vigoureusement les rebelles et les troupes piémontaises réunies à Cluses, et, après les avoir chassées de Cluses, de Sallanches, de regagner la Vallée (celle de Montjoie) et de marcher vivement par Annecy sur la Vallée de Beaufort en Tarentaise. Cette expédition faite, on attaquera l'ennemi de concert avec la division de l'Hopital et on le chassera plus promptement qu'il n'est venu ».

Dès le 14 septembre le général Santerre tente de refouler « les Piémontais et les rebelles » de la passe de Cluses. Fortement accrochés aux « à pics » les montagnards tiennent jusqu'au 17 ; ils n'ont plus à faire à des gardes nationaux, mais à des troupes aguerries, dont le 6ème Bataillon de la Gironde, deux compagnies des chasseurs Rochellais, le 5ème Bataillon de Rhône et Saône, des hussards et des canonniers de Chambéry ; les « rebelles » étaient plus d'un millier commandés par le marquis de Sales, les Piémontais à peu près autant. Il faut occuper le col de Châtillon à gauche et les hauteurs de Hermy et de Marnaz. Santerre fait attaquer Cluses où il se heurte à une redoute « établie en avant du Couvent des Cordeliers ». On recule sur Bonneville mais, à l'aube, on force la redoute et Santerre « forme une seule colonne », puis va bientôt se heurter à Mirebel à l'ennemi bien fortifié, d'où échec et recul sur Cluses. Simond n'hésite pas et le fait remplacer par Verdelin.

Verdelin, en vieux soldat, attaque aux ailes le 29, mais il lui aurait fallu des alpins et Rochellais et Grondins avançaient difficilement « à travers des précipices horribles ». Au centre la redoute de Mirebel est enlevée mais la colonne de droite livre un combat de deux jours. Quant à celle de gauche elle ne peut, et pour cause, monter sur les « rocs inaccessibles ». Les hauteurs de Mirebel « étaient teintes de sang et jonchées de cadavres ». L'armée piémontaise est refoulée sur Saint-Gervais. La victoire républicaine fut due en grande partie au commandant Sarret qui dirigeait l'aile gauche, escaladant les éboulis que les troupiers attaquaient aux cris de « Vive la Convention, Vive Sarret sans culotte ». Les Girondins furent « endiablés ». « J'ai vu le citoyen Sarret dans la redoute couvert de poussière et de sueur, tout noir de la fumée de la poudre, couvert de baisers de ses frères d'armes, mêlant à son courage la modestie si rare en pareille circonstance et la tenue d'un sans culotte, s'apercevant à peine parmi ses camarades et ne cherchant à s'échapper. » De l'autre côté la même bravoure. « Nous avons fait prisonnier un capitaine de génie qui avait fait construire la redoute. Il a été pris à son poste en se battant comme un désespéré. » Cet officier, nommé de Bussolino, ne devait quitter sa batterie que sur un ordre écrit qui ne lui parvint pas. L'armée sarde comportait quinze cents miliciens, un bataillon de Genevois, une compagnie de Maurienne, une compagnie d'Ernest Suisse, un bataillon de Novare, et un de Turin. Hélas, la crainte fait souvent refouler le sentiment d'humanité. « Les habitants des trois ou quatre cantons des environs ont tous pris les armes pour arrêter les fuyards, pensant faire par là leur paix avec la République. » Ils n'évitèrent cependant pas les contributions extraordinaires et n'empêchèrent pas que, tandis que la commission militaire jugeait les rebelles, les pionniers du génie creusaient par avance leurs tombes !

Les colonnes républicaines pénétrèrent à Mégève et dans le Val Montjoie, talonnant les Piémontais qui repassaient le col du Bonhomme, jetant une partie de leurs canons dans le torrent et coupant tous les ponts. « On retrouva (rapport de Chastel, Syndic du district de Carouge) aussi quatre pièces de canon qu'ils avaient enterrées à Notre-Dame de la Gorge. »

Le Commissaire Simond fut remplacé à Cluse par le Conventionnel Albitte qui fit une chasse sévère aux rebelles cachés et aux prêtres restés dans les fonds des vallées. Il entama une lutte amusante en ses détails avec les habitants pour obtenir la remise des cloches des églises et des chapelles ; on fit attendre et traîner la remise, et il fallut que les autorités républicaines aillent avec des troupes opérer elles-mêmes les descentes et placer sur les clochers rasés le drapeau tricolore et un bonnet phrygien. Ce fut le 6ème Girondin qui occupa la Vallée et le Val Montjoie retentit de l'accent des Cadets de Gascogne.

Des « histoires » circulent encore dans la Vallée sur cette période de l'occupation par les « Sans Culottes ». Le 6ème Girondin cantonna de Saint-Gervais aux Contamines à la fin de septembre ; dès le 6 octobre, malgré la neige, il traversait le col du Bonhomme et pénétrait en

Tarentaise pour marcher avec Kellermann sur le Petit-St-Bernard. D'autres troupes républicaines furent envoyées dans la Vallée tant pour « faire la chasse aux rebelles » que pour surveiller le passage du col du Bonhomme. On montre une grotte, au lieu dit le Planet, où un ci-devant se serait caché de longs mois et on raconte qu'un rebelle insaisissable et probablement excellent chasseur de chamois s'amusait à crever d'une balle bien placée le tambour des républicains faisant halte en quelques lieux éloignés. On narre aussi que le curé de Saint-Nicolas, David, rentré avec les Piémontais, serait reparti emportant sur le dos d'un mulet les trésors de l'église, et on montre à la chapelle des Plans, les traces sur la porte des balles de la République une et indivisible ; les gendarmes utilisèrent l'église de Notre-Dame de la Gorge comme écurie.

Village de Saint-Gervais en 1800

Le citoyen Représentant Albitte était un ardent patriote qui traqua les « mauvais esprits ». Le 5ème bataillon de Rhône et Saône garnisonna dans le Val avec les gardes nationaux de Cluses. A l'exalté citoyen Albitte succéda un homme sage, Gauthier, qui, peu à peu, ramena le calme. Ainsi l'organisation administrative du Directoire pouvait fonctionner bientôt sans difficulté et préparer l'avènement de l'Empire. Les victoires de l'Armée d'Italie obligèrent Victor-Amédée III à céder la Savoie à la France. « Les limites entre les états du roi de Sardaigne et les départements de la république Française sont établies sur une ligne déterminée par les points les plus avancés du côté du Piémont. » (Traité de Paris du 15 mai 1796) L'occupation de Genève en 1798 entraîne la création du département du Léman, mais la Vallée de Montjoie reste incorporée au département du Mont-Blanc.

Les troupes du Premier Consul, dans leur marche vers Marengo, passèrent le long du lac de Genève pour atteindre Martigny et le Grand Saint-Bernard. Le passage du Bonhomme ne fut pas utilisé. En 1800, les communes du Val de Montjoie étaient, comme Chamonix et Sallanches, rattachées au département du Léman.

L'Empire fut marqué pour les habitants de la vallée par des appels d'hommes et par des *Te Deum* ; le Concordat fut accueilli avec faveur. Pendant la Campagne de France le Val aperçut quelques-unes des troupes autrichiennes participant à l'occupation de la Savoie.

*
**

De la restauration sarde à l'annexion

Par le Traité de Paris de 1814 le Val de Montjoie redevenait sarde, puis à la fin des Cent Jours, après avoir entendu gronder le canon du jeune colonel Bugeaud vers Beaufort et Albertville, les habitants de la Vallée cessaient d'être Français et redevenaient sujets de Victor-Emmanuel Ier. Les années 1793 à 1815 étaient effacées, on « restaurait » avec l'appui très actif du clergé le régime des Royales Constitutions. Syndics et conseils « nommés » par l'Intendant revivent avec la gabelle du sel. On refond d'autres cloches, on restaure les églises ; partout dans le Val sont érigés des oratoires qu'enluminent naïvement des peintres en bâtiment venus d'Italie pour réparer les temples relevés ou réaffectés au culte.

Le retour de la Maison de Savoie et la restauration tentée par elle du régime antérieur à 1789 reposaient sur une erreur psychologique pouvant se traduire par la formule populaire : « On ne revient pas sur le passé. » Les partisans du pouvoir piémontais eurent beau intituler le régime sarde « le buon governo », ils ne purent empêcher que des mesures trop restrictives ne déterminassent une réaction. Faut-il croire que, d'autre part, la « république paraissant si belle sous le régime royaliste », on oublia les jours sombres de la Révolution. Enfin des liens de gloire du Premier Empire rattachaient tant de cœurs à la France ! En 1814, 18 généraux, 800 officiers, 25.000 soldats savoyards servaient dans les rangs de la Grande Armée.

Il faut donc penser que le « buon governo » ne donnait pas pleine satisfaction à tous puisque Victor-Emmanuel devait, en 1821, abdiquer en faveur de son frère Charles Félix ; Charles-Albert, son successeur, est obligé de faire des « concessions ». Ainsi, les habitants de Montjoie se virent transformés en électeurs pour leurs conseils municipaux et pour la désignation de leurs représentants au Sénat et à la Chambre piémontaise.

Les événements ne tardèrent pas à se précipiter. Dans le Val on apprit alors la déclaration de guerre de Charles-Albert contre l'Autriche et les communes durent contribuer aux levées exceptionnelles et aux charges budgétaires. L'avènement de Victor-Emmanuel II, l'arrivée au pouvoir de Cavour ouvraient l'ère du Risorgimento, mais aussi celle du détachement de la Savoie, terre française de cœur, du Piémont. Le Statut Royal de 1848 avait bien allégé la lourde cangue d'une restauration d'un régime périmé, mais il avait surtout francisé davantage la Savoie ; aussi Lamartine disait : « Avant six semaines la Savoie demandera sa réunion à la France. » Cavour en faisant l'unité italienne détachait de la péninsule ainsi qu'un fruit mûr cette belle Savoie ; il le savait et ne s'en cachait pas : « Vous avez beau faire vous n'abaisserez pas les Alpes qui séparent la Savoie de l'Italie, vous ne ferez jamais de la Savoie une province italienne. » Le Mont-Blanc ne s'est pas abaissé et son sommet est bien français, grâce à Magenta, à Solférino, aux zouaves et à ceux de « Brigada » !

La Suisse, poussée par l'Angleterre, réclama le Chablais et le Faucigny. « Cavour, désireux par-dessus tout de réaliser l'unité italienne, consent à une cession que la Savoie ne veut pas voir transformée en un partage entre la France et la Suisse. Alors prend naissance un programme qui tient en deux mots : France et Zône, ce qui signifie réunion à la France de toute la Savoie, introduction du Chablais et du Faucigny dans la zone douanière créée en 1815 pour le pays de Gex de manière à permettre à ces régions le libre commerce avec Genève. »

Le 24 mai 1860, par le traité de Turin, la cession de la Savoie à la France est reconnue définitivement. Mais, c'est moins une cession qu'un retour et, fidèle à sa doctrine, Napoléon III demandait aux Savoyards s'ils acceptaient de devenir Français. On connaît la réponse telle qu'elle résulta du plébiscite des 22-23 avril 1860 : 130.533 oui sur 130.839 suffrages.

Quelques mois après Napoléon III et l'Impératrice Eugénie passaient au Fayet ; toute la population de la Vallée de Montjoie était descendue acclamer les souverains qui allaient à Chamonix pour gravir la moraine du Montenvers entourés de tous les guides de la région.

Dès lors l'histoire de la Vallée se confond avec celle de la France ; ses enfants combattirent avec les mobiles de la Haute-Savoie et connurent les tristesses de l'Année Terrible. C'est la compagnie des Francs-Tireurs du Mont-Blanc qui enleva, un des rares trophées de la guerre de 1870, le drapeau du 61ème Poméranien.

Le 2 août 1914, alors que là-haut, sur les flancs des alpages, on fauche d'un geste large et régulier tout en gardant le bétail, le bourdonnement grave des cloches de Saint-Gervais, de Saint-Nicolas, des Contamines monte plus haut que les sapins, plus haut que les mélèzes. Les moissonneurs ont compris : la France les appellent, leur patrie est en danger. Par tous les sentiers de la montagne jeunes et vieux descendent, la *Marseillaise* aux lèvres, le cœur battant, mais les poings fermes. Le sang des ancêtres Ceutrons est solide et la tradition des célèbres Brigades de Savoie est restée entière. Quelques jours après les « chasseurs alpins » et tous les gas du 14ème Corps apprenaient à l'ennemi la valeur militaire des montagnards des Alpes !

Touriste qui traverse la Vallée, arrête-toi devant ces humbles stèles où sont inscrits les soldats tombés au champ d'honneur de l'Artois à l'Alsace, de Verdun à Salonique et ajoute quelques herbes des champs aux humbles bouquets du Souvenir. Les Romains ont marqué leur domination par la pierre de Larioz, mais combien plus émouvantes nous apparaissent ces stèles, car elles disent pourquoi la Vallée est française de cœur et d'âme.

*
**

Les heures présentes

La « petite histoire » de la Vallée de Montjoie depuis l'annexion est surtout faite des progrès du tourisme dans le Val du Bon Nant. Chamonix connut vite la célébrité, mais la région de Montjoie resta plus longtemps ignorée ; l'ascension du Mont-Blanc par Saussure et Balmat entraînait le touriste vers les « glacières » des Bossons et du Montenvers. Cependant, la découverte en 1806 d'eaux thermales au bas du village de St-Gervais fut l'origine de l'essor touristique du Val de Montjoie.

Ce serait à un ouvrier de Servoz allant pêcher la truite que l'on devrait la découverte des eaux thermales du Fayet, dont la température varie de 35° à 40° et dont la composition se rapproche de celles de Carlsbad. Le propriétaire de ces sources, M. Gaillard, les fit analyser et ne tarda pas à les exploiter en créant un premier établissement de bains. On alla au Fayet suivre des cures dont le succès accentua encore la renommée de ces eaux. Un vaste établissement de bains fut aménagé vers 1860, comportant un corps de logis central surmonté d'un clocheton et flanqué de deux tourelles ; deux grandes ailes de deux étages avec une large galerie contenaient les chambres. On avait aménagé une chapelle, une bibliothèque de plus de 3.000 volumes, un médailler de plus de

1.500 pièces anciennes, un cabinet de physique et d'histoire naturelle. Mais si Saint-Gervais se développait, on ne pensait plus, comme du temps de Saussure, à la « route du Mont-Blanc ». « Il venait plus de monde à Chamonix, écrit Durrier, on demeurait davantage à Saint-Gervais. A Chamonix les gens valides et joyeux, à Saint-Gervais l'humanité souffrante et plaintive ; à Chamonix les grandes courses, les figures hâlées par le soleil, les costumes de voyages ; à Saint-Gervais les courtes promenades, les visages pâlis, les élégantes toilettes. Et, aux heures matinales, quand Chamonix avait déjà expédié ses caravanes vers tous les points de la montagne, Saint-Gervais dormait encore. » Cependant, l'idée de la « route du Mont-Blanc » par la Tête Rousse et le Dôme du Goûter hantait toujours les montagnards. En 1818, le dénommé Roux édifiait le « Pavillon de Bellevue » au col de Vozas. Celui-ci espérait beaucoup de la création de son chalet-refuge. Nous avons trouvé, à ce sujet, trace d'un curieux procès entamé par Roux contre les sieurs Hottegindre, Jacquet dit le Gris, Cuidet, Jacquet Alexandre, qui avaient prétendu avoir atteint la « sommité du Mont-Blanc » par Bellevue et Tête Rousse. L'hôtelier avait fait des frais considérables pour aménager son pavillon, lorsque nos gaillards se rétractèrent et ainsi détruisaient par leurs aveux les notes de réclame que Roux avait passées dans la *Gazette de Chambéry* pour attirer les touristes et alpinistes. D'où procès en dommages-intérêts.

En 1820, un naturaliste russe, Hamel, partait avec le curé de Saint-Gervais et celui des Contamines pour passer « sur l'Aiguille du Goûter » avec deux guides de Saint-Gervais, Perroud et Mollard. Notre naturaliste et nos deux prêtres restèrent épuisés sur le Dôme du Goûter, mais Perrod et Mollard affirmèrent avoir atteint le sommet.

En mars 1853, un Britannique, le sieur Herleson, s'obstine à passer par l'Aiguille, mais ce ne fut qu'en juillet, avec le Docteur Loiseau et un guide remarquable, Edouard Rosset, qui fut une célébrité de la Vallée avant son départ comme colon en Algérie, qu'il parvenait près du sommet. La voie de « l'Ancien passage » était retrouvée ! Elle fut suivie en 1854 par la caravane de MM. Hudson et Kennedy. Le 18 juillet 1861 une caravane anglaise avec des guides suisses montait au sommet par l'Aiguille du Goûter. Dès 1858 on construisit la cabane de l'Aiguille. Parlant de ces tentatives, Durrier écrit : « Ca été longtemps un des projets favoris de l'Alpin Club de trouver un chemin qui, d'un bout à l'autre, fut exclusivement propre à Saint-Gervais. Il ne s'agissait rien moins que de gagner le Mont-Blanc par le Col du Miage et l'inaccessible Aiguille de Bionnassay ».

Le col du Miage est désormais maintes fois traversé et sur le versant italien a été érigé un refuge, dit refuge Durrier. Quant à « l'inaccessible Aiguille de Bionnassay » elle a certainement, comme le prouve l'excellente monographie que lui a consacré en 1929 Emile Gaillard[7], gravie pour la première fois par E. Buxton, Florence Grave et R.J.S. Macdonald, aidés des guides Jean-Pierre Cachat, dit Piollet, et Michel-Amboise Payot le 5 juillet 1865. Il fallut attendre 20 ans, le 31 juillet 1885, que Paul Vignon, avec les guides Henri Devouassoud et Alexandre Balmat, parvinssent au sommet venant de Courmayeur et revinssent par le Dôme du Goûter et Chamonix. En 1888,

[7] *L'Aiguille de Bionnassay,* par Emile Gaillard ; Dardel, éditeur.

deux autres caravanes gravirent « l'inaccessible Aiguille », celle de Gruber et celle de Miss K. Richardson. La cinquième ascension fut faite en 1896, partant du chalet du Tricot. La construction en 1899 du refuge Durrier devait grandement faciliter cette ascension.

L'alpinisme ne cessa de prendre son essor dans le Val de Montjoie ; les hauteurs voyaient s'élever des chalets-refuges qui facilitant les ascensions, ceux du Prarion, du Mont Joly, des Deux Frères, bâti au col du Tricot par les comte Nicolaï au temps de la chasse aux chamois ; le chalet de Trélatête, qui domine le superbe glacier de ce nom et permet les ascensions des sommets l'entourant, Tondu, Bérengère, Dôme du Miage. Sur la route du col de la Seigne le touriste trouve le chalet du Touring-Club, installé à la Croix du Bonhomme. Des routes étaient percées ou agrandies et aménagées, des villas et des hôtels s'élevaient à Saint-Gervais.

L'idée d'un chemin de fer partant de la Vallée et allant jusqu'au Mont-Blanc ne date pas d'hier, elle est presque centenaire puisque M. Joseph Vallot a retrouvé un « plan fort étudié » dû à un ingénieur suisse, J.L. Eggon, et datant de 1835 ! L'année 1903, cependant, un ingénieur des Ponts et Chaussées, Duportal, obtenait « la concession » d'un chemin de fer à ciel ouvert partant du Fayet et aboutissant à l'Aiguille du Goûter par Saint-Gervais et le col de Vozas. C'est le Tramway du Mont-Blanc qui fonctionne jusqu'au bas du désert de la Pierre Ronde, à 2.372 mètres.

D'année en année, le tourisme progressait dans le Val Montjoie. Non seulement Saint-Gervais se développait, mais les Contamines, Saint-Nicolas devenaient des stations d'alpinisme ; les bains du Fayet avaient, de leur côté, une vogue de plus en plus établie, quand se produisit la catastrophe de juillet 1892.

« Dans la nuit du 11 au 12 juillet, vers une heure du matin, un bruit formidable, semblable au grondement d'une avalanche, mettait en émoi la population de la Vallée de Montjoie. La nuit étant claire et sans nuage, personne ne pouvait s'expliquer la cause de ce roulement continu, et ce ne fut que lorsque l'on vit passer une buée légère sur le Bon Nant que l'on soupçonna l'horrible vérité. Le torrent emporta 200 personnes, dont 35 de Bionnay, 15 du Fayet et 150 baigneurs demeurant à l'établissement. Toute la Vallée coopéra avec un splendide dévouement, surtout dans la plaine du Fayet où les victimes enlisées dans la boue appelaient au secours, à des sauvetages des plus périlleux. »

Quelles furent les causes de cette tragique catastrophe ? On les a pu déterminer nettement grâce aux études de deux savants, MM. Delebecque et J. Vallot. Elles sont les suivantes et rattachées au phénomène dits « rupture et effondrement des glaciers ». Il s'agissait, écrit M. J. Vallot, d'une « poche d'eau interglaciaire qui déchaîna subitement une coulée immense. » Cette poche interglaciaire se forma à l'extrémité du glacier de Tête Rousse, à la base de l'Aiguille du Goûter, et c'est elle qui, en crevant, entraîna 80.000 mètres cubes d'eau « auxquels il faut ajouter 20.000 mètres cubes pour la grotte d'entrée et 90.000 mètres cubes de glace arrachée à la partie frontale du glacier, ce qui forme un total de 100.000 mètres cubes d'eau et 90.000 mètres cubes de glace. On comprend aisément les effets destructeurs d'une pareille avalanche. ». Avalanche effroyable, en effet, descendue de plus de 3.000 mètres et entraînant tout sur son passage !

Le service des Ponts et Chaussées a pris des mesures très efficaces pour éviter le retour d'une pareille catastrophe, un tunnel d'écoulement a été construit et le glacier est surveillé avec toute la diligence nécessaire.

Après 1900 l'essor touristique ne faisait que se préciser dans la Vallée de Montjoie ; un spacieux établissement de bains était édifié au Fayet alors que Saint-Gervais voyait croître ses hôtels et ses villas aussi bien sur les pentes du Mont Joly que sur celles du Prarion. L'alpinisme, l'automobile et, depuis peu, la vogue justifiée des sports d'hiver ne tardaient pas à accélérer encore ce développement. Ainsi, les Contamines sont devenues un centre d'excursion de plus en plus fréquenté et Saint-Nicolas voit ses vieux chalets se modifier en habitations appartenant à des Parisiens et à des Lyonnais épris de calme alpestre ; partout se bâtissent des villas et de petits hôtels. Des routes nouvelles sont aménagées et une vie de plus en plus active circule à travers tout le Val que la fée Electricité éclaire et que le tourisme transforme.

Vieilles demeures et vieilles coutumes

Le Val de Montjoie a, n'est-ce point un de ses charmes, conservé encore son visage d'autrefois. Voici des hameaux et des chalets tels qu'ils furent construits il y a plus de cent ans. Voici de vieilles demeures à auvents accentués dont la toiture large et basse est couverte en ancelles et d'où émerge une vaste cheminée en forme de pyramide tronquée. Les plus anciennes de ces cheminées sont en bois noirci, d'autres en pierre, et toutes possèdent deux « tavais », battants que l'on rabat pour la neige avec l'aide d'un système compliqué de poulies et de chaînes.

Le chalet est construit le bas en pierres, les étages en bois ; une porte extérieure donne accès à l'immense grange où va, en juillet, s'entasser la fenaison.

Un balcon, parfois à demi-fermé, forme galerie et ses balustrades marquent souvent un effort décoratif fort curieux. Les « ailes de pigeon » du toit protègent la galerie où l'on étend le linge et où l'on fait sécher les oignons. Des gouttières de bois, retenues par des crochets en mélèze, courent le long des toits.

Sur la poutre principale un panneau gravé porte généralement la date de l'édification de la maison et les initiales du premier propriétaire, ainsi que de pieuses paroles ou de naïves images religieuses gravées au couteau.

Autour du chalet, un petit clos de pommiers est planté et sur les fenêtres, ou placé sur de rustiques étagères, tout un jeu de pots de géraniums aux vives décorations met sur bien des façades une note gaie. C'est aussi, proche de la demeure, la fontaine dont l'eau vive s'écoule sans cesse et qui constitue comme un des éléments du décor de la vie de la Vallée.

La Vallée de Montjoie sous la neige

Cette fontaine, le « bachal » en patois, est souvent faite d'un tronc creusé, dominé par une borne de bois d'où sort de l'eau claire. Parfois, le « bachal » est en beau granit du Mont-Blanc, notamment dans les bassins des hameaux, parfois rectangulaire, soit circulaire comme celui de la place de Saint-Gervais. Parfois aussi, hélas, il est en ciment armé !

Entrons dans un chalet ; le rez-de-chaussée est la partie habitée, le premier étant formé de la grange ; portes et fenêtres sont orientées vers le midi. Dans les vieux chalets de jadis une sorte d'aire couverte mais incluse dans l'immeuble précédait l'entrée. On pénètre par une sorte de vestibule, à droite et à gauche sont les pièces dont, au fond, la « cuisine » avec son énorme cheminée et qui n'est guère éclairée que par le jour avare qui en descend. Une grande table de merisier, un buffet à crédence, simple de ligne, noirci par la fumée, des bancs et de rares chaises paillées en constituent l'ameublement. Quelques « plats de Bonneville » ornés de fleurs naïves, quelques « pots » de faïence de Scionzier décoraient les crédences des buffets de jadis ; les pots et les plats de Sallanches aux couleurs vives et souvent intéressantes remplacent aujourd'hui les vieilles faïences. Parfois, un « plat d'Italie » en faïence noire avec des fleurs curieusement stylisées brille dans la pénombre, souvenirs du passé piémontais.

Une porte s'ouvre dans la cuisine, soit dans la chambre et conduit directement à l'étable où, pendant l'hiver, le bétail ruminera lentement en pensant aux joies de l'alpage. Quand l'électricité n'était pas installée dans les trois communes de la vallée, c'était avec de mauvaises lampes que l'on s'éclairait ; autrefois, même, « dans les temps anciens », on utilisait la « lampe romaine » en cuivre et formée d'une mèche baignant dans l'huile, le « crésu », en terme savoyard. Dans l'écurie les « clarines » ne cessent de tinter aux cous des vaches ; celles que l'on utilise viennent de Chamonix, elles sont en acier, mais les anciennes étaient en bronze et importées de Suisse ; décorées de motifs divers elles ont un chant plus profond. De superbes colliers ornés de clous de cuivre et portant les initiales du chalezan se passent de générations en générations. On leur accroche les « clarines ». Jadis, les prairies du Val retentissaient du son argentin des clochettes des nombreux troupeaux de chèvres qui paissaient sur les flancs des montagnes.

On filait beaucoup le chanvre dans la Vallée et les rouets solides, mais un peu hauts, y sont encore nombreux ; ils servaient aux veillées de moins en moins suivies, hélas, par la jeunesse qui préfère se réunir pour danser au son de l'accordéon et du violon ou encore du phonographe. Quelques postes de T.S.F. ont modernisé ces réunions.

Le mobilier est dans le Val Montjoie très rustique. Les belles pièces n'existent pas, l'art de l'ébéniste est inconnu. Cela tient dans une large mesure à l'absence de bois de valeur. En effet, le sapin est surtout utilisé et sert à faire des bancs, des armoires, des petits coffres. Autrefois le coffre jouait un grand rôle : il servait de malle, de commode et permettait de sauver le linge et le grain de la voracité des rongeurs. Il existe encore quelques beaux « coffres de mariage » des XVIIème et XVIII ème siècles et de nombreux coffres de la période révolutionnaire avec des ornements en peinture rouge.

Sur les confins de l'Arbois vivait à la fin du XVIIIème siècle un chalezan qui était fort habile à tailler au couteau dans les troncs de sapins des saints et des saintes. Il plaçait ses productions dans les petites chapelles de la

Vallée. Une légende veut qu'ayant, un soir de la saint Sylvestre, chargé son traîneau d'un lot de saints, il descendit vers Saint-Gervais, mais qu'ayant trinqué le long du chemin pour célébrer la nouvelle année, il s'endormit sur son traîneau arrêté dans la forêt. Le froid de l'aube le réveilla et il s'aperçut avec effroi que son traîneau était vide ; la neige alentour portait trace des petits pas des saints de bois qui se perdaient dans la forêt. Le chalezan artiste eut tellement peur qu'il ne tailla jamais plus saints ni saintes. Cependant, il reste encore dans la Vallée quelques œuvres de ce rustique sculpteur.

Chaque maison avait son « moule à chapeau » de paille à larges bords, chapeaux que portaient les femmes. Quant aux costumes anciens, c'étaient pour les hommes la blouse bleue un peu courte, la culotte en drap et de gros bas ; les gas avaient un fichu « italien » autour du cou et un « tromblon », vaste chapeau haut de forme. Pour les femmes, c'était le classique costume savoyard avec le fichu en pointe, les bas blancs et, sinon la « frontière » comme en Tarentaise, du moins une coiffe tuyautée ; la « Jeannette » et le « Cœur d'Or » constituaient les bijoux de famille.

L'utilisation quasi exclusive du sapin comme bois d'ameublement n'a pas permis la fabrication de beaux buffets ou de belles armoires. Cependant certaines armoires anciennes portent des incrustations en losange assez élégantes et des fleurettes en bois plus clair. Avant la vente dans la Vallée des étains, pots et pichets du XVIIème au XVIII ème siècle, généralement de la marque de Jean Bourellier au lion debout, tous les objets de ménage étaient en bois. De belles marmites en bronze, métal qui a reçu nom en patois de « métais », venues « d'en bas », étaient utilisées dans les fermes riches. Ces marmites dites « eules », déformation du terme latin « aula », datent de la Renaissance souvent. Elles devaient être de provenance helvétique. C'est une marmite analogue qui fut jetée sur les soldats savoyards au jour de l'Escalade des remparts de Genève et dont la chute jeta l'alarme parmi les défenseurs de la Cité. Nous connaissons des « eules » ayant des décorations fort intéressantes, dont le profil d'Henri IV ou un diable et un ermite ! Dans les familles aisées on utilisait de belles « daubières » de bronze, armoiriées.

La vie était rude dans le Val pour les montagnards et le mariage constituait l'une des rares distractions. Les « noces à cheval », tout le cortège étant « monté », étaient fort prisées. Que l'on aille à pied ou à cheval à l'église, la mariée devait, en quittant sa demeure, passer sous une colombe symbolique. Elle devait également couper un ruban tendu devant la maison paternelle, indiquant ainsi qu'elle quittait sa famille pour entrer définitivement dans celle de son époux. On tirait des « boîtes » et des coups de fusils ; le cortège s'avançait précédé d'un violoneux qui jouait l'air classique de la vieille Savoie :

Pleura, pleura, ma poura épousa,
Pleura, pleura, malheureusa.
Di coups di pi, di coups de poing
Ten are bin.

Le repas de noce endettait souvent la famille pour plusieurs années, tant il était somptueux ; les parents étaient invités jusqu'au 4ème degré. On dansait après le repas de joyeux quadrilles aux nombreuses figures ; les plus célèbres, en dehors des vieux branles savoyards moyennageux. étaient le « Petit Jean » et « l'Allemande ». Quand un veuf ou une veuve se remariaient, les jeunes gens du village leur faisaient trois jours durant un « charivari ».

Les funérailles n'offrent point de rites spéciaux. La coutume du « portage » de la bière par les parents disparaît peu à peu.

Font encore partie intégrante des paysages de la Vallée de Montjoie ces nombreuses petites chapelles placées au bord des routes qui datent d'une centaine d'années, lors du réveil religieux qui caractérisa le retour du régime sarde. Parfois ce ne sont que de simples oratoires taillés dans le bloc.

Les fours à pain, aujourd'hui abandonnés, existent dans chaque village, dans chaque hameau ; un auvent avancé en protège le devant, la gueule du four est toute noircie et sous le toit un espace permet d'installer le bois de chauffage ; des pots de géraniums remplacent maintenant les fournées et les miches. Chaque maison a près d'elle son grenier en bois à la porte ronde et à la serrure solide qui exige une clé monumentale. C'est dans le grenier que l'on range les graines et les vieilles affaires, outils inutiles et objets anciens, même des livres que l'on relit quand la neige tombe.

Maints chalets ont des cadrans solaires. Sur l'un d'eux on peut lire : « Qua hora non putatis. » Saluons ce sage !

Plus haut, près des alpages, ce sont les chalets plus rustiques encore où les chalezans séjournent deux ou trois mois pour faire les foins. Ils sont solidement construits pour résister à la tempête et au poids de la neige et ont leurs poutres chevronnées comme les isbas russes. De loin en loin sur les grands alpages s'élèvent des fenils où seront engrangées pendant l'été les « trosses » de foins que l'on descendra au village lorsque la neige permettra de les mettre sur les « glisses », ces traîneaux solides, un peu lourds, mais facilement raccommodables.

Enfin, les clochers de la Vallée de Montjoie sont caractéristiques avec leur flèche qui s'élance au-dessus d'un bulbe élégant en fer blanc aux teintes rouilles et à quatre pans. Ces clochers à oignons ont été construits à la place des vieux clochers détruits sous la Révolution par des ouvriers venant de 1820 à 1840 du Piémont et qui prirent comme modèles les campaniles du Novarais.

Les bordures en bois qui longent les chemins sont faites de longues perches reposant sur des fourches de bois fichées en terre. Des croix de fer, d'un mauvais travail moderne, marquent les étapes de la grande Mission de 1820 ; souvent sur les sommets ou sur les points de vue, une croix de bois se dresse mélancolique.

Des ponts de pierres anciens à dos d'âne accentué existaient dans le Val, à Saint-Gervais et au pont de Miage, en dessous de la route qui mène aux Contamines. Des ponts modernes ont été jetés sur le Bon Nant, dont celui du pont du Diable est une œuvre hardie, exécutée peu après 1875. Ailleurs ce sont des ponts de bois, solides et surtout aisément réparés, sous lesquels les torrents coulent, impétueux et fumants.

Les cultures sont entreprises partout où cela est possible et constituent ce damier qu'offre la vue du sol du Val dès que l'on monte un peu. La Vallée produit du froment, du seigle, de l'orge et de l'avoine ; la pomme de terre est excellente et depuis la fin du XVIIIème siècle forme avec le « salé » une des bases de l'alimentation locale.

Le temps des « crystalliers » est bien fini et celui des chercheurs d'or. Il ya eu, en effet, des chercheurs d'or dans le haut du glacier du Miage, et surtout des « mineurs » pour les filons de plomb argentifère à l'Armancette, à Notre-Dame de la Gorge, à Trélatête, à la Gruvaz.

*

**

S'il y a encore de par le monde des botanistes, savants calmes et peu enclins à herboriser sur les grandes routes sillonnées d'autos, la Vallée de Montjoie sera pour eux une terre privilégiée.

L'amateur de papillons peut emporter son filet vert et être sûr, par les belles journées, de faire de fructueuses rencontres.

Pour le chasseur, les halliers et les alpages voient débouler des lièvres alpins et des rochers d'en haut s'envolent des coqs de bruyères ; perdrix et cailles ne font pas défaut. Pour les nemrods ne craignant pas les escalades hardies sont ouvertes les chasses alpestres, marmottes et chamois, mais ces gibiers sont rares, même en allant très haut vers les rochers de Trélatête et de l'Armancette. En hiver, le renard roux, le putois, la marte peuvent se tirer à l'affût.

*
**

La Vallée de Montjoie est le lieu préféré de ceux qui aiment les beaux sites du Massif du Mont-Blanc et le calme des hauteurs encore restées si pleines de charme rustique.

Mais le véritable fervent de la Vallée est celui qui s'émeut au détour d'un chemin à la vue d'un chalet pittoresque, d'une échappée dans la futaie sur les glaciers, qui sait entendre la plainte des roues d'un char lourdement chargé descendant un sentier et la mélodie des clarines dans les alpages. Il distingue aussi les bruits de la forêt déserte et laisse errer ses pensées au murmure des ruisseaux sautant de roches en roches parmi les mousses et les graminées.

Les lignes suivantes de Jean-Jacques Rousseau, transposant un poème de Petraque, paraissent s'adapter à notre Vallée : « Les chênes, les noirs sapins, les hêtres s'élancent de l'aube verte au sommet des monts et semblent élever au ciel, avec leurs têtes, les yeux et l'esprit des mortels. »

Premier « découvreur » de la nature alpestre et de ses beautés, l'auteur du *Vicaire savoyard* ajoutait en parlant des sites montagnards : « On y est grave sans mélancolie, paisible sans indolence, content d'être et de penser. »

Puisse un séjour dans le Val Montjoie nous procurer cette philosophie souriante, éloignée des vaines agitations d'une civilisation par trop moderne. Puissent la vue des cimes altiers et le calme des alpages nous donner un peu de la sagesse de l'Ecclésiaste et le doux sourire de Montaigne. En redescendant vers la plaine, vers le « bon pays », selon l'expression de nos montagnards qui n'y mettent aucune ironie car leur sincérité est grande, nous considérerons alors hommes et choses à leur juste valeur. La route poursuivie le sera plus allègrement, car l'air « d'en bas » paraîtra moins lourd et la tâche journalière plus légère.

Table des gravures de Jean Kerhor

Table des matières

www.ingramcontent.com/pod-product-compliance
Lightning Source LLC
Chambersburg PA
CBHW070652041126
54327CB00009B/464
* 9 7 8 2 7 4 8 3 3 5 4 8 4 *